AI驗證！
最強PPT製作法

照做就對了！
提案成功率94%

越川慎司　著

黃詩婷　譯

「今天明明只是做個資料卻花了好多時間……」

「到底改第幾次了啊……」

「為什麼我報告的內容都沒人聽進去呢……」

「我拚了命做出來，居然都沒人要好好的看……」

懷抱這些壓力煩惱的人真的非常多。

但是大家可以安心了。

因為只要使用本書指導的方法，就能

☞一次OK

☞打動對方

任何人都能夠簡單做好「簡報」。

前微軟業務執行長
PowerPoint 事業負責人
越川慎司

這就是
能一舉讓對方說
OK的簡報！

BEFORE

讓對方感到疲憊的
「糟糕簡報」

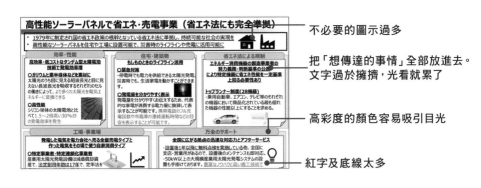

不必要的圖示過多

把「想傳達的事情」全部放進去。
文字過於擁擠，光看就累了

高彩度的顏色容易吸引目光

紅字及底線太多

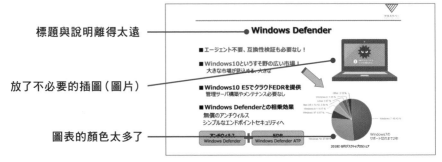

標題與說明離得太遠

放了不必要的插圖（圖片）

圖表的顏色太多了

訪問826位決策人員；使用四種AI程式進行分析，打造出「獲勝模式」，並由4,513人以此模式進行兩個月的實驗，得到的結果是製作時間減少20％、成交率提升22％（37％→59％）。讓總計12,000名決策人員說出YES。

AFTER

10秒就一舉OK的「傳達簡報」

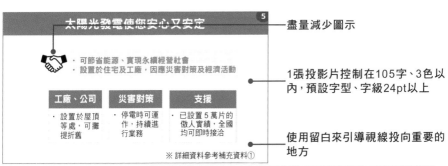

太陽光發電使您安心又安定　——　盡量減少圖示

- 可節省能源、實現永續經營社會
- 設置於住宅及工廠，因應災害對策及經濟活動

1張投影片控制在105字、3色以內，預設字型、字級24pt以上

工廠、公司	災害對策	支援
・設置於屋頂等處，可攤提折舊	・停電時可運作，持續進行業務	・已設置5萬片的傲人實績，全國均可即時接洽

使用留白來引導視線投向重要的地方

※ 詳細資料參考補充資料①

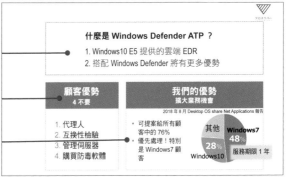

概要必須簡明易懂、不會被要求「說重點！」

凸顯優點，以數字來表現

圖表要在3色以內。加入想法，而且要容易看懂

什麼是 Windows Defender ATP？
1. Windows10 E5 提供的雲端 EDR
2. 搭配 Windows Defender 將有更多優勢

顧客優勢 4 不要	我們的優勢 擴大業務機會
1. 代理人 2. 互換性檢驗 3. 管理伺服器 4. 購買防毒軟體	・可提案給所有顧客中的76% ・優先處理！特別是 Windows7 顧客

2018 年 8 月 Desktop OS share Net Applications 報告

其他　Windows7 48%
28%　服務期限 1 年
Windows10

1張投影片控制在105字、3色以內，預設字級24pt以上

文字少而俐落。要傳達的內容明確又簡單易懂

文字為白色，主色為背景的深藍色、強調重點用淺藍色。配色平衡良好、淺藍如預想中一樣醒目

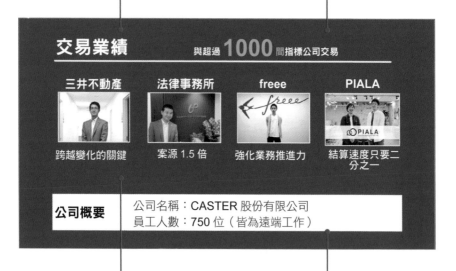

業績方面介紹引進系統的企業變化（利益），展現出有「傳達資訊的資格」

管理者人數及公司地址等不重要的事情就捨棄。如此才可讓人關注重要的「業績」

對方會在 **10 秒內**判定該資料是否簡單易懂。如果文字一多,無法在 10 秒內讀完,就會被判定為「很難懂」。而被認為「很難懂」的最大因素之一,就是「字數」。

在電子郵件中,如果本文超過 105 個字,閱讀率就會大為降低。

將這個傾向放在 4,513 人製作簡報的實驗中,結果有 94% 人表示修改過後獲得觀看報告者的好評。

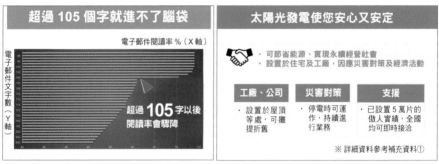

電子郵件文字數與閱讀率關係

1 張投影片 105 字、3 色以內、預設字級 24pt 以上之範例

另外,分析從全國收集來的「可打動人心之資料」,發現文字數與使用的顏色數量都很少,並且文字尺寸較大。

在後續的實驗當中,證明採用 **1 張投影片 105 字、3 色以內、預設字級 24pt 以上**進行提案時,成交率提高了 22%。

規則

2

以對角線與白色引導視線

人的視線會在自左上往右下的對角線上移動，因此在這條路線擺上圖示能讓視線停留

重要的部分使用反白文字使對方留下印象

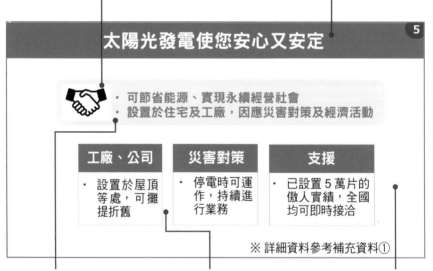

太陽光發電使您安心又安定

5

- 可節省能源、實現永續經營社會
- 設置於住宅及工廠，因應災害對策及經濟活動

工廠、公司	災害對策	支援
・設置於屋頂等處，可攤提折舊	・停電時可運作，持續進行業務	・已設置5萬片的傲人實績，全國均可即時接洽

※ 詳細資料參考補充資料①

將想要傳達的內容段落配置在此，並且設計使視線在此處停駐

下段資料中最想讓對方知道的事情放在左邊與正中間，卡住對角線的位置

重要部分周遭要留白，如此較容易引導視線

針對 826 位決策人員進行訪問調查，得知有 **65% 的人都會順著左上往右下這個視線來看資料。**

　　在這個對角線上如果有引起觀看者興趣的東西，視線就會往右邊移動。之後又回到對角線上，繼續往右下走。同時調查中也得知，如果**把重要的資訊放在對角線上**，就容易使對方留下印象。

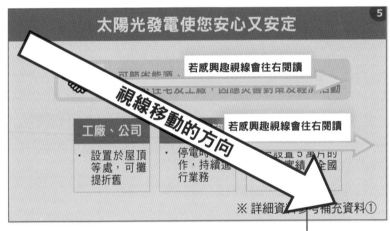

由於順利引導視線激起對方興趣，而使得出席會議的人中有79%主動去看補充資料

　　白色，也就是留白及反白的文字比預想中的還要容易影響觀看資料的人。**重要的事情周圍留下空白，就能吸引觀看者的目光。**

　　另外，**特別想讓對方知道的資訊用反白字**，會很容易讓對方留下印象。

箭號不多於5個、圖示盡量減少

以顏色來區分，使觀看者能立即理解
這兩個流程的相異處

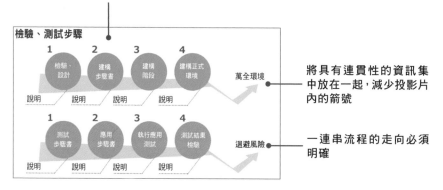

檢驗、測試步驟

將具有連貫性的資訊集
中放在一起，減少投影片
內的箭號

一連串流程的走向必須
明確

大家很容易直接插入該服務的
圖示，但對方不一定認得所有
圖示，因此最好用文字表現

只有一個智慧型手機的圖示，
因此非常簡單易懂，也能馬上
明白是智慧型手機的連線次數

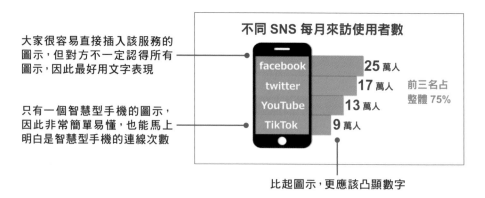

比起圖示，更應該凸顯數字

若是箭號及圖示過多，會讓對方感到困惑、無法控制視線的方向，自然沒辦法傳達重要的內容。為了打動對方，兩者都要少用一點比較好。

具體來說，**1 張投影片內若有 5 個以上的箭號，會讓 58% 的決策人員都留下負面印象。**

箭號請控制在 5 個為限。

< 左頁上方投影片修正前 >

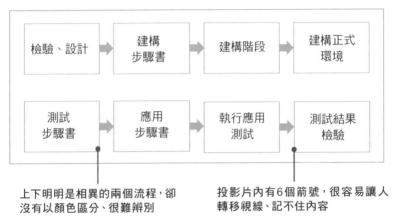

上下明明是相異的兩個流程，卻沒有以顏色區分、很難辨別

投影片內有6個箭號，很容易讓人轉移視線、記不住內容

使用大量圖示也會降低評價。
能以文字來表現就不要用圖示。

左頁下方的 NG 範例

- 一旦使用圖示，對方就會思考這是什麼，並尋找圖示是否和投影片中的哪項資訊有關。

- 並不是所有人都認得SNS的圖示，因此建議使用文字來表現。

圖表要能洞見未來，
且以3色為限

將圖表引出的事情記載於旁邊　　　　　　　　用一句話表現對對方有何益處

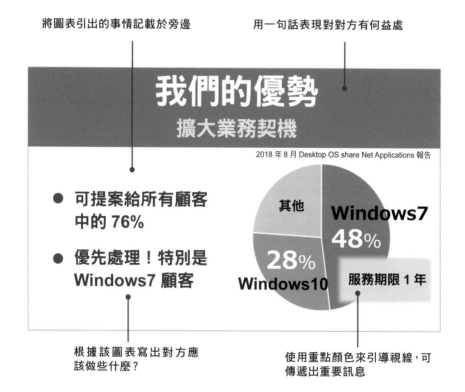

我們的優勢
擴大業務契機

2018 年 8 月 Desktop OS share Net Applications 報告

- 可提案給所有顧客中的 76%

- 優先處理！特別是 Windows7 顧客

其他

Windows7 48%

28% Windows10

服務期限 1 年

根據該圖表寫出對方應該做些什麼？　　　　使用重點顏色來引導視線，可傳遞出重要訊息

我認為決策人員並不是想要看圖表，而是**想知道該圖表能夠引出什麼樣的看法（學習點或新發現）**。

實際上，訪談決策人員時發現，在經常使用的單字當中，「洞察力」就在前 10 名之內。

如果數字或資料不帶有明確的意思或意義，就會讓對方必須自己思考推測，如此大腦容易感到疲憊。

另外，**圖表請控制在 3 色以內。**

同時使用重點色、改變數字大小等，能讓希望凸顯的重要資料較為醒目易懂。

決策人員中有 68% 都喜歡圖表和資料，而其中有 70% 表示他們非常不滿於經常看到醜陋的圖表。

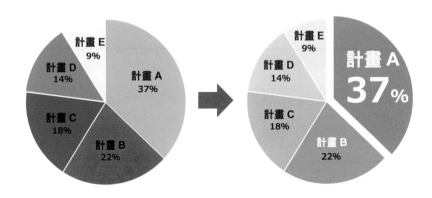

顏色要在 3 色以內，
重要項目使用重點色會比較簡單易懂

將優勢以「變化」「數字」來表現

明白加入本組織以後具體上會有哪些變化（效果）

使用「三大」「100位」等數字來說明效果

若擔會的三大特徵

100 位相異者結盟　　　　摩擦可產生創新

100 位講師陣容浩大　　　　會員有各自專長

100 位皆自主營運　　　　沒有人是被動者

不是「向人」請教，而是
互相指導、學習
提高公司內外人材價值

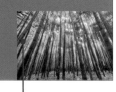

強調未來的概念、以反白文字寫出

以嫩竹自立成長的圖片來表現未來樣貌

決策人員希望能有所變化。如果現狀是存在某種課題，那麼當然會希望能走向可以解決課題的未來。

因此，重點就在於**要讓對方能想像出那樣的未來方向，將變化及數字放入說明。**

這樣一來，對方除了能夠信賴製作資料者，也可以用自己的方式掌握未來，就容易展開行動。

未來是以感覺判斷的，因此**在投影片當中插入能讓對方腦中浮現他希望的未來樣貌的示意圖是最具效果的。**

在訪談中，有87%的決策人員都表示上一頁的投影片讓他們「能夠簡單明白效果」。

< 左頁投影片修正前 >

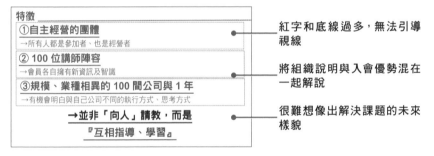

特徵
①自主經營的團體
→所有人都是參加者、也是經營者
② 100 位講師陣容
→會員各自擁有新資訊及智識
③規模、業種相異的 100 間公司與 1 年
→有機會明白與自己公司不同的執行方式、思考方式
→並非「向人」請教，而是
『互相指導、學習』

紅字和底線過多，無法引導視線

將組織說明與入會優勢混在一起解說

很難想像出解決課題的未來樣貌

< 成功投影片範例 >

使用充滿笑容的照片作為背景，使人具體聯想到未來樣貌。添加文字說明也很有效

每月舉辦 5 次讀書會、聚會
帶著笑容提升技術與交流

每5張投影片放1張 圖片或影片

在圖片上放個簡單扼要的說明文字（標題）。反白文字容易使人留下印象

使用高解析度的圖片震撼視覺

散個步
就到了富士山頂

那種事情是絕對不可能的
目的必須明確

加上一些文字表達放這張圖的意義，
就不會被問「重點是？」

為了不讓決策人員感到厭煩或疲憊，請適度使用「圖片」及「影片」來給予對方震撼感。

在訪談決策人員時，請他們比較付費的高品質圖片和普通圖片，發現就算是一樣的內容，有 73% 的人回答付費圖片看起來比較好懂。

另外，PowerPoint 有「**螢幕錄製**」的功能，可以錄下電腦上的操作畫面，也可以將該影片貼在投影片當中播放（詳細見 84 頁）。

< 不讓對方厭倦的技巧 >

引發興趣
圖片

刺激五感
影片、聲音

< 可作商用！高品質付費圖庫 >

Adobe Stock
https://stock.adobe.com/tw/
每月美金 29.99 元起

Shutterstock
https://www.shutterstock.com/zh-Hant/
每月美金 49 元起

科學實證！正確而「狡猾」的簡報製作術 實踐者心聲

先前我都把細心製作簡報這件事當成目的了，實在感到羞愧。現在會把時間花費在思考對方的情況來拿捏內容，結果反而省下不少製作時間。

（製造業、30多歲、男性）

說實話，我原先以為「那麼大膽的資料怎可能打動對方！」但反而能與客戶多聊、業績也提升了。在我改變方法以後，已經連續五個月成績都超出預期目標。

（IT企業、40多歲、女性）

回顧自己怎麼製作簡報，便能明白是否會成功，我實在感激涕零。先前都是製作完之後自己覺得非常滿意，但今後希望能以打動對方來獲得成就感。

（貿易公司、50多歲、男性）

我都是根據數據來製作簡報，因此馬上就能理解這種製作法。現在我在公司裡負責指導大家這種製作法，社長的資料也由我來負責。

（運輸業、30多歲、男性）

第一次改為製作內容簡單易懂的簡報，膽戰心驚呈報上去，竟然第一次被那總是刁難人的部長稱讚了！他認為是經過深思熟慮的內容，因此採用了我的企畫。

（食品製造業、20多歲、女性）

我參加了這個實際驗證的實驗。之後也能自己製作「聚焦於重要事項的簡報」，提升了我的信心，一改過去的膽怯，開始能向顧客提案，顧客也會稱讚我，讓我越來越喜歡這份工作了。

（健康企業、20多歲、女性）

<序>

製作簡報不是目的，而是手段

Microsoft PowerPoint（簡稱 PowerPoint）自從第一版釋出後已過了 30
多年，被應用在小學課程、婚禮宴客、製作月曆等各種用途上。

日本的 PowerPoint 使用率在世界排名數一數二。我也曾擔任包含
PowerPoint 在內的 Office 業務負責人，因此能夠經手這類大家喜愛的產品，
實在感到榮幸。

話雖如此，但有一點卻讓人感到困惑——「這項產品有好好的被應用
在商務活動上嗎？」

我離開微軟之後，自己創立的事業是支援 500 多間公司的「工作模式
革新」，因此看見了許多商務人士把製作投影片本身當成目的。有許多人用
小小的文字塞滿整個投影片、還加入五彩繽紛的圖表，勤奮努力地做到三更
半夜。

他們認為這樣做比較好，因此花費許多時間熬夜加班製作，完成之後
帶著滿滿的充實感踏上歸途。

但是結果往往沒能達成目的。下一次又使用了相同的方法製作簡報，
一樣不成功，就算買了教科書學習，也還是無法提升成效。

話說回來，你曾經登上富士山的山頂嗎？

登山者會以攻頂為目標，購買登山服、早早起床做準備，沒有一個人
是出門散個步，就抵達富士山頂的。

製作簡報也是如此——

製作簡報這件事應該不是「目的」，而是「手段」。

話雖如此，你是不是還沒決定目的就開始動手製作簡報了呢？為了製
作提案資料，是不是把投影片塞滿了文字與圖形，一回神才發現花費了比想

像中還要多的時間，然後內心有著滿滿「終於做好了」的充實感？

如果不能經常將「我是為了達成目的才製作簡報」這件事情放在心上，那就很容易在山路間迷路，永遠都無法攻頂。

那麼，製作簡報的目的究竟為何？

我拿這個問題詢問來上我講座課程的商務人員，85% 都回答「為了傳達自己想表達的事情」。

但其實這是錯的。

製作簡報的目的並非傳達事情，而是要更進一步，**也就讓對方照你所想的行動**。

為此必須思考「應該怎麼做？」才行。這並非要做出一份漂亮的簡報，而是要徹底思考應該怎麼做才能打動對方。

本書並不只是單純介紹如何製作 PowerPoint 簡報，而是要各位將「打動對方」當成目標，並為大家介紹達成此目標的正確技巧。

這本書並不是一本打高空告訴你這樣做就對了的教科書，而是**從「能夠打動人心的資料」回溯簡報的製作方式，再整理出具有再現性的獲勝模式**。

這是收集並分析 5 萬又 1,544 張 PowerPoint 檔案，所得到的成功模式，又再請 4,513 人實驗佐證，成交率達 94%，是極具再現性的智識。

請不要學習過後就以為結束了，務必在今後製作 PowerPoint 時加以應用，我想你的成果和思考一定會有所改變。

CONTENTS

目　錄

[卷頭彩頁] 1萬人採取行動！這就是能一舉讓對方說OK的簡報！

<序> 製作簡報不是目的，而是手段…………………………019

序章　訪談826位決策人員，以AI分析5萬多張資料得到的結果

自全國收集來的5萬多張簡報資料 ……………………………028

如何使用AI進行分析？ …………………………………………030

什麼是使用AI導出的「獲勝模式」？ …………………………032

　1. 難以理解的資料10秒就會被丟在一邊 ……………………032

　2. 不同職位者重視的要點也不相同 …………………………034

　3. 數字與簡潔的用色能震撼人心………………………………036

[COLUMN]各公司的PPT高手正在煩惱無法提升業績……………037

第 **1** 章

「一次OK！」製作PPT資料的14個狡猾秘技

秘技01	1張投影片「150字以內」	040
秘技02	使用電腦預設字型	042
秘技03	字級大小在「24pt以上」	043
秘技04	使用顏色設在「3色以內」	044
	文字顏色為「深灰色」	044
	基礎色為「彩度低的扁平色調」	045
	重點色為「與基礎色相對的色相」	046
秘技05	多點「留白」、多些「反白字」	048
	目標要有「聚光燈效果」	049
	使用留白集中視線	050
秘技06	考量「對角線」來配置內容	052
秘技07	「箭號」不能超過5個	054
秘技08	「圖示」限3個以內	056
秘技09	盡可能不用「底線」「紅字」	058
秘技10	強調「變化」	060
秘技11	大量使用「數字」（最好是奇數）	062
秘技12	「標題」要在35字內，而且要添加數字	064
秘技13	「頁碼」放在右上或左上	066
秘技14	放入「失敗案例」	068
[COLUMN]可活用在PPT製作時的效果與原則		070

第 **2** 章

巧妙活用圖表、
影片的11個重點

重點01　使用「高品質圖片」……………………………………………… 074

重點02　「標語」要短、有效果…………………………………………… 076

重點03　「圖片」要配合文章編排………………………………………… 078

重點04　善用「3D模組」增添魅力……………………………………… 080

重點05　放「影片」，只能放一段……………………………………… 082

　　　　建議使用有聲影片………………………………………………… 083

重點06　透過螢幕錄製插入「示範」…………………………………… 084

重點07　少用「動畫」，多用「切換畫面」…………………………… 085

重點08　超過30分鐘，每5張放1張圖或影片………………………… 086

重點09　借「蔡格尼克效應」引發興趣………………………………… 087

重點10　「圖表」要能讓人洞察先機…………………………………… 089

重點11　圖表運用自如的四項規則……………………………………… 090

[COLUMN]扭曲的評價制度催生了過於華麗的投影片………………… 092

第 3 章

準備決定九成！
一次OK必須留心的
11個撇步

撇步01　決定攻頂後，再登山……………………………… 096

活用恐怖故事與快樂劇本…………………………… 097

資料最後放上激發勇氣的話語……………………… 098

撇步02　按下「意願按鈕」的三大要素…………………… 100

撇步03　製作資料前先創作「故事」……………………… 102

撇步04　以「AIDCA」落實故事…………………………… 104

撇步05　事先以「顧客觀點」整理好將提供的價值……… 106

「問題迴避型」的特徵……………………………… 106

「目標達成型」的特徵……………………………… 107

各個對應方式………………………………………… 108

撇步06　最重要的是最初和最後…………………………… 110

撇步07　增添對方的喜悅…………………………………… 112

撇步08　「適用感情派」的PPT製作訣竅………………… 113

撇步09　「適用理論派」的PPT製作訣竅………………… 116

撇步10　以「自家事」獲得同感…………………………… 118

撇步11　以「前饋控制」打消退件………………………… 120

[COLUMN]「似乎」很重要的資料有93％都是不必要的……………… 122

第 **4** 章

「一次OK簡報」的
8項訣竅

訣竅01　簡報最開始的重點⋯⋯⋯⋯⋯⋯⋯⋯⋯⋯⋯⋯⋯⋯ 126

　　　　盡可能不發送紙本資料⋯⋯⋯⋯⋯⋯⋯⋯⋯⋯⋯⋯⋯ 126

　　　　宣告說明時間、確保回答問題的時間⋯⋯⋯⋯⋯⋯⋯ 127

訣竅02　贏得對方信賴的方法⋯⋯⋯⋯⋯⋯⋯⋯⋯⋯⋯⋯⋯ 128

　　　　展現自己的業績而非職稱⋯⋯⋯⋯⋯⋯⋯⋯⋯⋯⋯⋯ 128

　　　　公司簡介也要以業績為重⋯⋯⋯⋯⋯⋯⋯⋯⋯⋯⋯⋯ 129

訣竅03　瞬間提高信賴度的「詰問」⋯⋯⋯⋯⋯⋯⋯⋯⋯⋯ 131

訣竅04　讓對方說出這句話，就表示你的發表成功了⋯⋯⋯⋯ 133

訣竅05　避免被問「重點是？」的方法⋯⋯⋯⋯⋯⋯⋯⋯⋯⋯ 134

訣竅06　在最初30秒內抓住視線⋯⋯⋯⋯⋯⋯⋯⋯⋯⋯⋯⋯ 136

訣竅07　不要用雷射筆，用滑鼠游標⋯⋯⋯⋯⋯⋯⋯⋯⋯⋯ 137

訣竅08　邊點頭邊說話能引發同感⋯⋯⋯⋯⋯⋯⋯⋯⋯⋯⋯ 138

[COLUMN]充分授權，多留點時間思考創新⋯⋯⋯⋯⋯⋯⋯⋯ 139

第 **5** 章

前PowerPoint負責人
教你 1 年縮短80小時的
速效9招

速效01　1萬2,000人有感的PowerPoint速效技巧……………… 142

速效02　匯入「word文章」………………………………… 143

速效03　自訂「快速存取工具列」將圖形排整齊……………… 144

速效04　速效製作PowerPoint的快速鍵…………………… 146

速效05　活用Windows 10的「剪貼簿記錄」…………………… 148

速效06　事前設定好「投影片母片」……………………… 150

速效07　能調整圖片的「設計構想」……………………… 152

速效08　使用AI自動翻譯………………………………… 154

速效09　統一資料格式…………………………………… 156

＜結語＞　以更短的時間得到更好的結果……………………… 158

序　章

訪談 826 位決策人員，以 AI 分析 5 萬多張資料得到的結果

為了製作出能夠打動對方的資料，我認為必須有明確區分出「這樣對方會被打動」「這樣子並不會被打動」的資料。因此我將這些資料以 AI 程式分析過後，將結果告訴大家。

自全國收集來的
5 萬多張簡報資料

　　製作簡報的目的，並不在於將設計做得非常洗練，也不在於有邏輯地告知對方內容，而是要**讓對方如自己所想的進行下一步**。

　　設計或說明手法都只是手段。讓對方看過資料之後，若只有「這資料真棒，就這樣」的話是不行的，沒有打動對方就沒有意義了。

　　如果是提案給顧客的資料，那麼目的就是希望對方能夠理解內容，並且決定採用、使用資料中說明的事物。如果是公司內部共享的資料，那就是決定要在何時及如何使用那份資料，順利的話才能說是成功。

　　也就是說，提出的資料希望對方如何理解、如何走下一步，這些事情若沒有先設定好，就沒有達成原先的目的。

　　如果對方被打動了，那你就有了工作成果，你所面對的那個公司內部問題也得以解決，一切事情都能如你所願順利的執行。

　　那麼，應該如何打動對方呢？

　　知道答案的人，當然就是「對方」，也就是提交資料的對象。

　　有了這樣的想法後，我便花費了數十萬的預算，開始接洽全國具有決策權力的 826 位商務人士。

　　之後我給他們看過大量相同的資料，詢問他們「哪份資料會影響你做決策？」「哪份資料有可能影響你的行動？」

　　最後我與 526 間公司、橫跨 14 個業種、13 類部門，總共 826 人見了面，這些人的職稱有經營者、執行經理、部長、課長等，是持有預算及具備決策權力者，為公司內外「決定」各種事情的人物。當中我甚至借閱了必須簽下保密協定、對於實際決策有極大影響的簡報案例。

　　另外我也請與我有業務往來、協助他們革新工作模式的 26 間公司幫我收集「頂尖業務人員獲得大型訂單時使用的簡報資料」「成功說服反對派的簡報資料」「在董事會議上獲得稱讚的簡報資料」加以彙整分析。

　　收集到的資料共有 5 萬 1,544 張、訪談決策人員意見時間超過 700 小時。

　　之後又使用各公司的 AI 服務（Amazon 的 AWS、Microsoft 的 Azure、Google 的 GCP、IBM 的 Watson）進行分析，導出能夠打動對方的簡報資料「獲勝模式」。

　　另外，為了確認該模式是否確有其效果，**我也請 9 間客戶公司共 4,513 人進行為期兩個月的實證實驗。**

　　使用與從前相同的提案資料，並且應用這個「獲勝模式」來製作 PowerPoint 資料，然後使用該資料進行商務會談。

　　結果這 4,513 人的會談成功率平均提升了 22%，同時，他們製作資料的時間比先前平均降低了 20%。

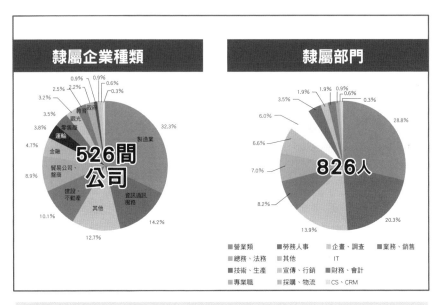

▶ 調查 526 間公司 14 個業種、13 個部門，共 826 人

如何使用 AI 進行分析？

本次調查運用了四種 AI 程式。

訪談方面在獲得許可後進行了錄音、錄影，並以 Google 的 Speech API 將錄音檔轉成文字。錄影檔則使用 Microsoft Azure Cognitive API 來分析情緒。文字檔使用 IBM Watson 的文字挖掘功能來分析種類、傾向。投影片資料手動轉換為圖片，以 Microsoft Azure 分析圖片，並使用 Amazon Web Service 的 Deep Learning 來導出獲勝模式。

藉由使用多家不同公司的 AI 來提高分析的精確度，藉此精粹出「能夠一次讓人說出 OK 的簡報」之特徵及傾向。以下介紹實際進行 AI 分析時的三步驟。

＜ AI 分析步驟 1 ＞

首先要收集各式各樣的投影片資料。接下來根據訪談決策人員的情報，來為資料標上可打動人心、可驅使人行動，或者非此類資料的標籤。另外，在訪談的發言中也會將表示開心或怒氣的語言區分出來。

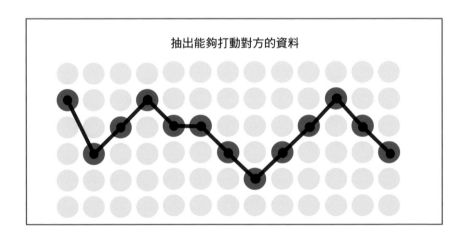

抽出能夠打動對方的資料

＜ AI 分析步驟 2 ＞

挑選出標上成功標籤的資料，找出其特徵、共通點（文字數、經常使用的關鍵字、色彩數量、圖片使用頻率、圖片及圖示用量多寡等）。除了「可打動人心的資料」外，也會分析在訪談當中經常被提及的話語，以及提及該詞語時的情緒。

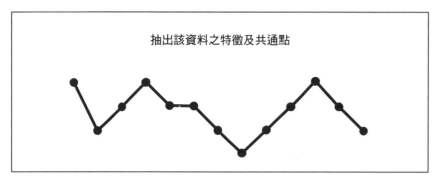

＜ AI 分析步驟 3 ＞

比較「可打動人心的資料」與「無法達成目標的資料」這類分析，例如，「能夠打動人心的資料當中，1 張投影片的文字量平均在無法達成目標的資料之 1/3 以下」。有了這個分析法則（演算法），就可以簡單判斷出作好的資料是否能打動人心。

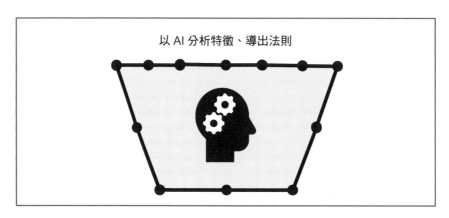

什麼是使用 AI 導出的
「獲勝模式」？

　　依據此調查及分析的結果，得知決策人員會採用「與製作者不同的觀點」來看資料，製作者花時間、費工夫處理的部分還可能得到反效果。也就是說，**大多數耗費時間作出來的資料都無法打動對方，也無法留下成果。**

　　整理後得出以下三大重點。

＜訪談調查與 AI 分析後得到的真相＞

　　1. 難以理解的資料 10 秒就會被丟在一邊
　　2. 不同職位者重視的要點也不相同
　　3. 數字與簡潔的用色能震撼人心

　　接下來將依序說明。

1. 難以理解的資料 10 秒就會被丟在一邊

　　我在微軟擔任 PowerPoint 事業部負責人的時候，經常需要回答客戶提出的問題，像是「我想要製作讓人容易理解的投影片，應該怎麼做才好？」「這份資料是哪裡不妥了？」等。在透過訪談了 826 位決策人員後，我重新了解到「難以理解的資料」的特徵。

　　極端一點來說，「難以理解的資料」，就是**「資訊量過多」**的資料。

　　除了文字以外，如果將顏色、圖示、箭號等製作者覺得還不錯的大量資訊都放到資料上，反而會造成反效果。

　　資料上的訊息會透過五感進入大腦，而五感當中最具魄力的便是「視覺」帶來的訊息。就算我在演講時拚了命講到喉嚨都沙啞，聽的人仍會忘記

我說了些什麼。也就是說，最好先思考以視覺讓資訊進入對方頭腦的戰略比較妥當。

　　另一方面，被舉出是「資料難以理解」的案例，有 69% 以上都是 15 秒內就被指正。

　　因此我們可以提出一個假設，就是無法在 10 秒內判斷是「容易理解」或「難以理解」的，就是「難以理解的資料」。

　　根據此假設，我們請到 4,513 人進行實驗，結果「容易理解的資料」與提交對象讚許的資料，對比其他資料的成交率，約有 2.2 倍的差異。

　　在此調查中我們得知，只要在看到資料的最初 10 秒進行判斷，若是「容易理解的資料」，那麼打動人心的機率就會上升。

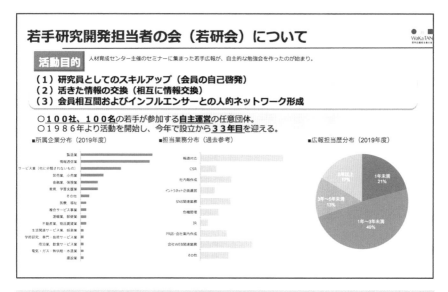

▶「無法在 10 秒鐘內判斷」不易理解的典型案例

2. 不同職位者重視的要點也不相同

在訪談上至社長下至課長等各階層的人員時，發現不同職位看待資料的方式、判斷的方法也各有不同。此外，職位相同但業種不同的人，他們的決策方式傾向一致。

下圖顯示的是經營者至工程人員的決策方式及興趣喜好。

舉例來說，**最上面的經營者其實並非以邏輯，而是以情感來判斷事物**的。

在公司這艘船上掌舵的經營者，目的當然是要追求利益，使股東能夠回收成本。

但是，他們在決定事物的時候，並不一定是針對投資效果等進行判斷。由於比起其他職位的人員，經營者要以更加長遠的觀點來看待事物，因此會更重視那件事（提案）能帶來什麼改變，也就是它未來能創造出什麼樣的價值。

詢問對象	決策方法	數字	相互比較	資訊量
經營者	感情派	非常喜歡	喜歡	越少越好
股東	邏輯派			
部長				
課長				
負責人員		不擅長		
開發者工程人員	感情派	喜歡數據		越多越好

▶ 不同職稱、屬性的特徵

　　經營者重視的是「情感價值」，這與去除痛苦、解決問題的探究不同，而是放眼在未來的喜悅能夠有所增加。

　　也就是說，若資料要提交給經營者，就必須考量：
・ 與其從 1 到 10 完整說明邏輯，不如增加能深刻影響情感的事物
・ 由於多半是為年長者所製作，所以字體要大、字數要少
這樣比較容易「一次 OK」。

　　採用以上手法，就可以配合對方來做有效的準備，比方說「高級董事是理論派，因此採用數據與事例的邏輯解說來進攻」「開發者喜歡白紙（技術文件），因此投影片上只簡單說明，然後引導他們『詳細資訊附在補充資料裡』會比較好」。這類手法會在 106 頁詳細說明。

　　另外，若是每次都要根據對方的屬性而變更製作資料的方式，會導致效率下降。
　　因此最好的辦法，就是打造出所有屬性都能有所迴響的規則，並且依該規則來製作資料。
　　舉例來說，不管是哪個屬性，都傾向討厭投影片資訊量過多。
　　這就是剛剛說明過的，這種情況會被定義為「難以理解的資料」。若是對方看見文字量多的投影片，非常遺憾的，這會令他覺得疲憊，並不想再繼續看下去，結果自然無法讓對方了解內容。
　　能夠打動所有屬性的獲勝模式，會在第 1 章中詳細說明。

3. 數字與簡潔的用色能震撼人心

要打動決策人員的心，重點在解決課題與感情價值。

課題解決是指消除目前感受到的痛苦；而感情價值則是實現未來的理想樣貌，感受到這兩項魅力就能做出決策。為了使對方能夠接受，可想而知使用數字將會是有效的作法。

為了檢驗此一假設，在以 4,513 人為對象的實驗中，也請參與者盡可能使用數字來展現業績及調查結果。

雖然無法證實有直接的因果關係，但畢竟最後結果中成交率確實提升了 22%，想來數字造成影響的可能性頗高。

尤其是在開頭的自我介紹（公司簡介）中，如果能以數字來說明業績獲取信賴，然後再根據說明用數字來表示將提供對方的價值（利益或效果），對方通常都能接受，最後再整合說明，如此一來打動對方的可能性又更高了。

另外，決策者通常會在剛開始說明資料時，就決定其方向性。接下來會確認他的想法是否正確，或者其實並不正確。而在對方的確認作業中，最需要的就是接受度，也就是想要客觀性確認自己的認知正確。

因此最有效的三大關鍵就是：

①數字、②再現性、③可信賴的第三者意見

對方就是在找這些資料。因此只要這三項在開頭與後半出現的話，即可確知能增加對方的接受度。

另外，使用 AI 的 Computer Vision 這個功能，調查了「打動對方的資料」內的配色，結果發現投影片中使用的顏色數量偏少，平均為 3.5 種顏色，意思就是每張投影片大概只用了 3 色或 4 色。

配色的詳細使用方法會在第 1 章中說明。

各公司的 PPT 高手
正在煩惱無法提升業績

如果沒有明確目的就投入工作，那絕對無法得到成果。

我在各地舉辦 PPT 製作講座時，不少聽眾都打算來學習各種程式功能，而且志在做出美輪美奐的投影片。其中也有非常厲害的人，對著我這個 PPT 負責人展現他花了七小時製作的精美資料。

像這類「PowerPoint 高手」大多都隸屬業務部門，但當我一詢問他們：「你以這份提案資料獲得了多少業績呢？」多半都支吾其詞。

對於那些告訴我「周遭的人都非常稱讚我呢」的人，我也曾問過他們：「你是為了被稱讚而製作這份簡報嗎？」但他們卻回答：「只是做完之後被稱讚了……」

我會問這類問題，是因為我衷心希望大家是因為做出傲人業績而自豪，而不是做出精美的 PPT 這件事，畢竟他們是業務人員啊。

製作 PPT 資料的目的在於「讓對方照自己想的來做」，如果沒有回頭檢視究竟有沒有達到成果，就無法判斷「那份投影片是不是很棒」。

必須弄清楚為何要製作 PPT 這個步驟，並且「牢記在心」才是。

不這樣的話，製作 PPT 這件事情本身就會變成目的，這樣就無法達成原先的目標了。相信各位都不是為了製作資訊量大的 PPT 而熬到三更半夜，藉此獲得充實感吧。

　　我想，大家所追求的，是展現出成果的成就感。光靠著長時間的勞動與毅力，是無法獲得充實感的。

　　如果你的 PPT 資料是作為提案用，那麼只要對方接受該提案就算是成功了。

　　對方是個什麼樣的人，又會如何決定事情等戰略，都必須先模擬一遍，盡可能地接近目標。換個說法就是，對一個想喝水的人來說，你端出多高級的咖啡，他都不會因此感到高興的。

第 **1** 章

「一次 OK ！」
製作 PPT 資料的
14 個狡猾秘技

本章為大家整理出分析成功打動對
方的資料後，所得到的「以較少勞力
大幅提升成果的技巧」。

秘技 01　1 張投影片「150 字以內」

本章介紹的是訪談決策人員、再經 AI 分析得知的「使人一次說出 OK 的 PPT 製作『狡猾秘技』」。為何說是「狡猾秘技」呢？意思是使用這些方法，就能大幅縮短製作的時間，並且更容易獲得成果。在一無所知的人看來，應該會忍不住說這「很狡猾」吧。

資訊量一大，處理時間就會變長，這會讓觀眾的大腦感到疲憊，因此一張投影片裡面置入的文字或圖片越少，就「越容易理解」。

實際上「打動人心的資料」與其他資料相比，記載的文字量有非常大的差距。

「打動人心的資料」上記載的文字量（除去封面與最後一頁），一張投影片平均為 135 字。而其他資料平均為 320 字，差距了 2.4 倍。

透過 AI 檢驗分析得到的結果，則是**一張投影片在 105 字以內較容易打動對方**。為了能夠一次 OK，要盡可能使用較少的字數來說明重要的事情會比較好。

這個 105 字以內的規則，原先是在調查電子郵件閱讀率的時候所得到的。使用 IT 工具進行調查分析，發現電子郵件的本文一旦超過 105 字，就會出現閱讀率下降的傾向。這大約是電腦的單一畫面、智慧型手機拉三次捲軸以內可閱讀的文字量。

在調查當中得知，若是在開頭的 105 字裡簡潔寫出概要，之後放上「詳細請看以下」的話，即能提高閱讀率。

省エネ法（エネルギーの使用の合理化等に関する法律）の概要

- 省エネ法（エネルギーの使用の合理化等に関する法律）は石油危機を契機として昭和54年に制定された
- 工場、輸送、建築物及び機器器具等についてのエネルギーの使用の合理化に関する所要の措置、電気の需要の平準化に関する所要の措置その他エネルギーの使用の合理化等を総合的に進めるために必要な措置を講じている。

工場・事業場	運輸	住宅・建築物
事業者の努力義務・判断基準の公表	事業者の努力義務・判断基準の公表	建築主・所有者の努力義務・判断基準の公表
特定事業者・特定連鎖化事業者 （エネルギー使用量 年1,500kl以上の場合） ・エネルギー使用状況届出書（指定時のみ） ・エネルギー管理統括者等の選解任届出書（選解任時のみ） ・エネルギー管理者等の選定義務 ・エネルギー使用状況等の定期報告義務 ・定期報告書（毎年度）及び中長期計画書（原則毎年度）の提出義務	**特定輸送事業者（貨物・旅客）** （保有車両数：トラック200台以上、鉄道300両以上等） ・エネルギー使用状況等の定期報告義務 **特定 荷主** （年間輸送量が3,000万トンキロ以上） ・計画の提出義務 ・委託輸送に係るエネルギー使用状況等の定期報告義務	**特定建築物**（延べ床面積300㎡以上） ・新築・改修を行う建築主等の省エネ措置に係る届出義務・維持保全状況の報告義務 **住宅供給事業者**（年間150戸以上） ・供給する建売戸建住宅における省エネ性能を向上させる目標の遵守義務

各種届出等のフロー・詳細

届出・指定・選任届：事業者ごと（既に指定を受け手いる事業者を除く）　　弁明が無い場合は手続不要、一定期間経過後に指定通知書届く

文字過多令人完全不想閱讀。箭號、圖片和圖示等都會吸引目光，因此不知道重點在哪裡。製作時間67分鐘。

省エネ政策

- ・石油危機から、危機感を持って取り組む
- ・省エネ法で、各分野で効率向上を求めている

製造・運輸で	住宅に	届け出
・事業者への努力義務を公表	・特定建築物に省エネ措置を義務化	・実現に向けてチェック機能を強化

良好範例 ⭕

只用了97個字製作完成。由於有充足的留白，因此容易將視線引導到重要的地方。圖示是為了讓人停留在該處，然後閱讀開頭的兩行而刻意放置在該處的戰略。製作時間7分鐘。

秘技
02

使用電腦預設字型

在調查當中評價最高的日文字型是「Meiryo」和「Meiryo UI」。

「Meiryo」的日文漢字寫作「明瞭」，意思就是「容易看得清晰」的字體，加粗也能馬上分辨出不同，而且有著適當的字距，因此文字的辨識度非常高。

另外英數字型則是「Segoe UI」評價最高。由於與 Meiryo UI 非常搭，因此英數也推薦使用 Segoe UI。

另外在實際驗證中得知，如果使用的是 Mac，則評價最高的是字型是「Hiragino Sans」。

	一般	粗體
Meiryo	パワポ術	パワポ術
Meiryo UI	パワポ術	パワポ術
Yu Gothic	パワポ術	パワポ術
MS Gothic	パワポ術	パワポ術
Hiragino Sans	パワポ術	パワポ術
Segoe UI	PowerPoint	PowerPoint
Arial	PowerPoint	PowerPoint

字型比較：Meiryo與Meiryo UI的粗體與一般字有非常大的差異。另外Meiryo UI比Meiryo擠一點，因此比較容易在周遭留下空白。

秘技 03 字級大小在 「24pt 以上」

字級大小（文字的級數）建議在 24pt 以上。

如果目的是要塞入大量文字的話，那麼字體大小在 10.5pt，甚至 9pt 也沒問題。

但是一般來說，投影片資料多半會使用文字來呈現，所以要是看不清楚文字內容就沒意義了。

話雖如此，在狹窄的會議室裡使用的資料，和在一千人的大會場上發表的資料，兩者的製作方法應該不太相同吧。

然而，調查發現不論共享這些資訊的人再怎麼少，文字若是太小，同樣都會削弱對方的參與意願。因此最少也要在 18pt 以上，這一點還請謹記在心。

如果公司內部能統一字體大小，那麼也可避免大家使用過小的文字做出塞滿整個畫面的 PPT 資料。

實際上我所服務的 21 家客戶企業，我都請他們規定公司內的 PPT 資料最小只能使用 18pt 的字級，而給顧客看的資料則必須在 24pt 以上，剛開始的確有人出聲抱怨，但結果製作資料的時間減少了 11%，且有 28% 的人回答對於減少會議時間有卓越貢獻。

使用顏色設在「3 色以內」

除了字數與字級外，在選色方面也必須留心不能讓觀看者感到疲憊。根據調查及實驗的結果——在一張投影片內使用的顏色種類，在 3 色以內就是獲勝模式。

使用的顏色數量越多，腦內的處理作業就會變得複雜，容易讓人感到疲勞。

另外，人類的大腦有著看到某種顏色時會與相關的事情連結的傾向，為了減少思考這些事情的機率，顏色應確實控制在 3 色內。

而這 3 種顏色的種類，可以用「文字顏色」「基礎色」「重點色」來編配。

文字顏色為「深灰色」

一般都認為文字顏色「應該用黑色」，但如果是正黑色，就會因為彩度過高而導致大腦疲勞。

另外，若是使用投影片標準色的黑色，有時顯示在螢幕上反而會過於眩目而難以辨識。如果把資料用雷射印表機印出來時，正黑色有時也會因為反光而造成不易閱讀的情況。

因此建議使用「深灰色」。

彩度低的顏色比較不傷眼，因此與其用黑色不如選擇深灰色。接近白色的灰色會造成霧化而不易辨識，所以請使用接近黑色的灰色。

在選擇色彩時，彩度肩負非常重要的工作。不要選擇原色這種高彩度的色彩，使用低彩度顏色眼睛較易觀看、大腦也不容易感到疲累。這種選擇方式就被稱為「扁平化設計」。

基礎色為「彩度低的扁平色調」

基礎色（圖片或圖表等使用的顏色）基本上請選擇適合用來表現說明內容的顏色。

觀看 26 間公司的投影片後，約有八成以上的基礎色都是選擇企業品牌商標使用的顏色。

大多數公司都會採用自己的品牌顏色（公司商標或電視廣告、公司簡介手冊上使用的顏色）。

舉例來說，如果是 Docomo 就會用紅色；KDDI 就會用橘色；Softbank 則會用銀色。

這個基礎色也請使用彩度低的扁平化顏色。

如果公司的品牌顏色是屬於高彩度顏色，那就必須再評估一下。

如果使用了紅色或黃色這類原色的企業商標放在投影片內的話，將會很難控制視線。

在驗證實驗中，分別是將所有頁面都放上企業商標的 A 模式，以及只在封面和最後一頁放企業商標的 B 模式，雖然內容一樣，但是 B 模式卻得到對方極佳的評價，對於最後成功簽約有很大的影響。

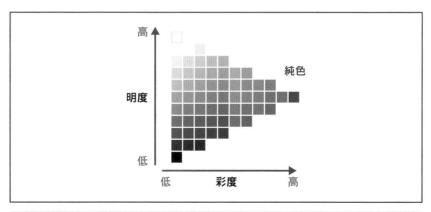

▶ 以「紅色」為例的扁平化設計調色盤

重點色為「與基礎色相對的色相」

最後的重點色，也就是搭配用色。

在服裝搭配方面，非常會穿搭的人通常會將重心放在配色上。

近來似乎很流行使用螢光黃或螢光粉紅等螢光色來作搭配色。

重點色請選擇與基礎色相對的色調。

參考扁平設計的調色盤（前頁圖片），選擇主要色調對角線的相對顏色（本書中是「紅色範例」，但在網路上搜尋應可找到其他顏色）。

舉例來說，如果基礎色是黃色，那麼重點色就是紫色；基礎色是橘色，重點色就是藍色。

雖然大多數企業都會使用紅色作為重點色，不過從前「紅色比較顯眼」「標成紅色對方就會閱讀」這種常識已經行不通了。

另外，重點色的使用方面，比顏色本身更重要的就是使用**比例**。

無論使用了紅色或相反色相的顏色使其變得醒目，若是使用比例上超過基礎色和主要色調的話，就無法達成重點色的功效。

大致來說，**重點色請控制在整體的 5%。**

舉例來說，重點色在投影片當中若使用了 20% 以上，那麼實際上就無法讓這些字變得較為顯眼。

在調查的過程中我們也發現，重點色若是沒控制在 10% 以內，就完全無法達到畫重點的功效。

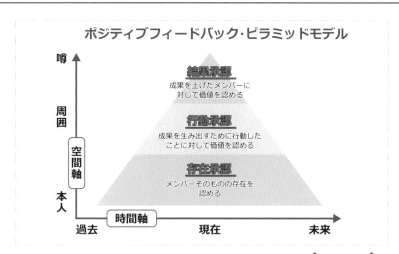

不良範例

想拿來作為重點使用的紅色過多，無法明確標出重點。紅色彩度過高，令人感到刺眼。底線、陰影效果太多不容易看清文字。

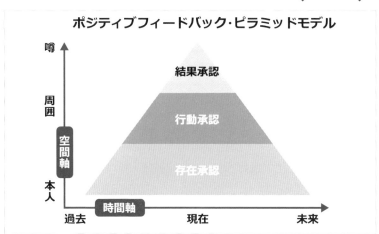

良好範例

使用彩度低的紅色與灰色作為基礎，設計成讓眼睛不會那麼疲憊。想凸顯、強調的部分就改變字體大小。製作時間7分鐘。

多點「留白」、
多些「反白字」

利用 AI 分析 5 萬多張資料所使用的顏色，發現最常使用的竟然是「白色」。

一般認為文字內容多半會使用黑色，但檢證結果黑色僅為第 2，第 1 名則是白色。

為何會有這種結果？經調查後找到兩個理由：

1.「留白」所產生的白。

AI 的圖片辨識，會將背景視為顏色的一部分。在文字量少的投影片中，背景色使用最多的就是白色，也就是文字周遭有非常多的留白。

文字周遭留白，文字看起來就會非常顯眼。

2.「反白字」。

也就是說，在黑色或深藍色當中放入白色字，藉此凸顯文字。

顏色當中明度最高的顏色就是白色，因此使用反白字能讓配色出現明度差，帶來視覺上的震撼感。

另外，**如果在黑背景上搭配反白字，做出高明度差的組合，也能提高識別性（形狀的可見度）及可讀性（文字的易讀性）。**

這種凸顯文字的技巧，經常被用在電視節目的字卡上，想來這種配色是不分男女老幼都很容易辨識的。

不過，人類習慣看白底黑字，如果使用過多反白字可能會感到疲勞。**因此請避免過度使用。**

我們在訪談決策人員時，也帶了許多投影片前去詢問「哪張容易理解、會對決策產生影響」，結果導出視線很容易看向文字少而留白多，以及反白字上。

目標要有「聚光燈效果」

背景或圖片使用黑色或深色，再用反白來強調文字的話，能讓對方留下鮮明的印象。

這被稱為「聚光燈效果」，也就是讓周遭變暗，藉此凸顯反白字。

如果想讓特定的文字更醒目，就放入重點色。

請看 51 頁的兩張投影片。哪一個更容易辨識出關鍵字呢？

我想各位應該都會覺得下面那張的「簡報製作靠 9 成的準備」更容易留下印象吧。

尤其是「9」使用了重點色，而且是低彩度的粉紅色，特別容易記住。

如果能夠如此大膽地將文字縮減到這種程度，那就只需要把重要的文字放在一張投影片中，然後用黑背景與反白字做出投影片。

以 51 頁的範例來說，如果已經做好了上面那張投影片的話，就追加下面那張，讓大家把印象留在下面這張。

如此一來，「簡報製作靠 9 成的準備」這句話就會留在腦海裡，將其內化後，即使接下來的投影片資訊量龐大，對方也會試著去看。

大多數的人，都會想以紅色的字、粗體、底線、箭號引導其他人的視

線。但如果這些東西出現得太頻繁，別說是引導視線了，還會讓對方感到厭煩，結果反而削弱對方的興趣和注意力。

　　相信大家看到 51 頁的不良範例便會明白，如果底線或粗體過多，反而會搞不清楚重點為何。

使用留白集中視線

　　加上反白字的「白」，留白的「白」都具有誘導對方視線的強烈效果。

　　人類的眼睛和兔子不一樣，只能凝視一個東西，因此有將眼光放在資料上的某一物體的傾向。而能用來控制觀者矚目焦點的，就是留白。

　　留白並不僅限於白色。請記住什麼東西都沒放的空間＝留白。

　　在重要的事情周遭留下空間，視線就會集中在那個重要事項上。這就像是在廣大的田地裡有一株向日葵，或是黑暗中只點亮了一根蠟燭那般，視線必然會往那個地方集中。

資料作成のポイント No.8

株式会社●●
第3回営業活動改善講座

- 資料作成は準備で9割決まる
- 5感と伝わるコンテンツをしっかり考慮して準備する必要がある

5感への刺激
どこを通じて相手に情報を提供するべきかを
しっかり考えてデザインを準備する

①最も長く記憶に残るものは
視覚 72%
聴覚 14%、味覚 8%、触覚 4%、臭覚 3%

②最も思い出をよみがえらせるものは
視覚 74%
聴覚 12%、触覚 5%、味覚 5%、臭覚 5%

③最も感動を覚えるのは
視覚 73%
聴覚 18%、触覚 6%、味覚 3%,臭覚 1%

視覚が70%以上も!!

第2位の聴覚はなんと
14~18%しかない!!
声ではなく、目で情報を
伝えていく必要がある
ということがよく分かる。

視覚を通じて
情報を脳に入れる

伝わるコンテンツは？
- ベネフィットを与えることで相手は自分ごと化する
- ベネフィットとは、相手に「AからB」への変化を与えること
- そのベネフィットで与えるBは、相手が望むことでなくてはいけない

視覚を意識したデザインと相手
を動かす適切なコンテンツ（ベ
ネフィット）をいかに準備でき
るかが成功のカギとなる。

不良範例

空白過少、要點過多。到底要傳達什麼事情並不明確。

簡報製作靠
9 成的準備

良好範例

讓周遭變暗，使反白文字變明顯，活用「聚光燈效果」。加上重
點色使用低彩度的粉紅色，讓人容易留住記憶。

秘技 06　考量「對角線」來配置內容

人在觀看資料時，視線會從左上角往右下角移動。

透過調查得知，若將重要的東西放在這條對角線上，就會對觀者的印象與記憶產生影響。

如果像次頁上圖這樣毫無規則的隨意擺放，再比較擺放在對角線上的下圖，有 65% 的決策人員都回答「後者比較容易理解」。而且幾乎是瞬間就能判斷出後者比較好。

對角線的原則是我們邀請訪談者觀看投影片 10 秒鐘之後，再回答哪個比較容易留下印象而得到的結果——除了顏色及文字大小外，同時注意到視線傾向於容易停留在置於左上角的文字及圖形。

再詢問還會對什麼東西有印象後，得知大家的視線大概都是移動到中央後再往右下走。

在某些書籍中會提到，「看資料時視線會是 Z 字型移動」。

Z 字型是指由左上平行移動到右上後，再從右上往左下移動，最後從左下橫向往右下方向去的視線移動方式。

但實際上我們得知，這是出於對短時間停留時落入視線範圍的東西留下印象，因此對於寫在該處的文章產生興趣，就有了讓視線往右移動去閱讀文章的傾向。

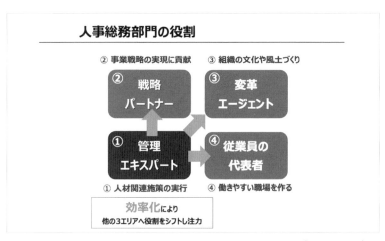

不良範例

不重要的標題一開始就放在對角線上。最重要的「①管理專家」由於放在左下角，因此視線會停留在箭號及其他項目上。

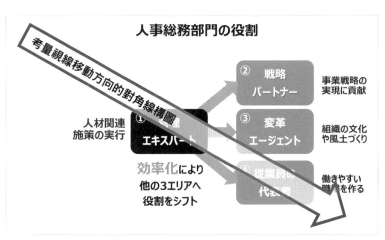

良好範例

設計將重要的「①管理專家」放在對角線上，馬上就能吸引目光。標題置中，刻意使人不要停留目光。製作時間6分鐘。

「箭號」不能超過 5 個

透過這次的調查，我們發現有許多資料都使用了箭號和圖示。

然而箭號及圖示若使用過多，會讓觀者感到疲憊且無法誘導視線。從實際調查中，我們也得知許多決策人員都說：「1 張投影片中有超過 5 個箭號，看著會覺得累。」

所以，要盡可能地讓 1 張投影片出現的箭號不要超過 5 個。

如果想使用工程圖表或流程表，依序表現出時間進展的話，就把箭號集中成一個（請參考本書彩頁的「規則 3」）。

盡可能不要使用圖示

圖示比起文字是更為容易理解的呈現手法。

舉例來說，與其用文字寫出蘋果兩個字，不如放一個蘋果圖在資料上，觀者還比較能夠輕易理解又不感到疲憊。

但是相反的，**使用過多沒有意義的圖示，反而會降低效果。**

決策人員表示，資料中若有圖示，視線就容易有移動過去的傾向。這樣一來，就會開始思考並尋找那個圖示是用來對應資料當中的哪個部分。

如果很容易找到符合的東西也就罷了，但大多數情況下，很多人只是隨便拿一張圖來填補空白處，這樣一來就會成為一份讓人感到疲憊又不易理解的資料。

很多人容易認為在空白處放圖示會比較好，但其實這樣反而讓資料變得難以理解。

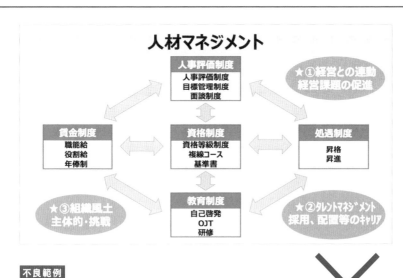

不良範例

太多箭號導致視線來來回回非常疲憊。

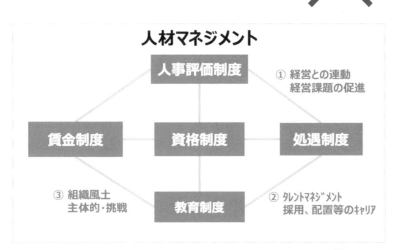

良好範例

各要素的關係性即使不使用箭號指示也能明白。製作時間5.5分鐘。

秘技
08

「圖示」限 3 個以內

接續前項的圖示。由於決策人員會在最一開始的 10 秒內判斷資料，因此容我再次重複，最好不要使用會讓對方大腦感到疲憊的圖示。

如果要用的話，1 張投影片請限制在 3 個以內。

「能打動人心的資料」中會使用圖示的，有 78% 以上在 1 張投影片內最多只用 3 個，平均用量是 2.2 個。

如果要使用圖示，就不應該把文字轉換為圖片，而要將圖片拿來作為引導視線所用。

舉例來說，將圖示放在對角線的位置，那麼視線停留下來的可能性就會提高。如果在圖示的右側擺放重要的文字，就能提高觀者讀過那行文字而留下印象的可能性。圖示正具備了這樣的威力。

在抓住目光方面確有效果

藉由圖示可引發對方的興趣。實驗得知，先提起對方的興趣之後，再來說服對方同時提供詳細資訊，這樣的方式比較容易獲得成果。

也就是說，如果是利用圖示來抓住對方的目光，那就沒問題。但若 1 張投影片裡有好幾個能夠勾引對方興趣的圖示，那麼別說是誘導視線了，根本就是會讓對方感到困惑吧。

不要隨意放置圖示，請將此作為誘導對方視線的工具，事前演練好戰略吧。

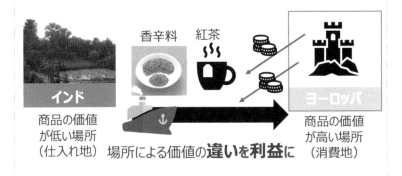

東インド株式会社は船の投資を集めて儲けた

不良範例

圖示與圖片過多，無法誘導視線，因此不容易看到最希望對方留心的船隻圖片。訪談決策人員時，有許多人指著用來代表錢幣的圖案問「這個圓圓的是什麼？」

東インド株式会社は船の投資を集めて儲けた

良好範例

讓「違いを利益に（相異成為利益）」非常顯眼，並且使人聯想到能夠帶來這種利益的就是「圖示那個船隻」。由於將圖示放在對角線上，因此很容易留下印象。製作時間4.5分鐘。

秘技 09　盡可能不用「底線」「紅字」

　　決策人員不喜歡的資料、無法打動人心的資料，特徵之一就是有著底線與滿滿紅字的傾向。

　　選用紅色文字或是畫底線，「應該」能吸引觀者注意吧！這是 PPT 製作者容易產生的誤解。

　　確實只要使用三原色中的紅色，人的眼睛會自然望向該處。

　　但是，高彩度的紅色會讓人的眼睛疲勞。如果用了太多紅字，會讓人產生疑惑，不知道哪一個才是重點。

　　另外，我們也得知，做一個框框把文字放進去的話，觀者「應該」會覺得是重要的東西而特地一讀吧。而這也是製作者一廂情願的想法。

　　一般來說，許多人在製作 PPT 資料時，大多傾向在上方放一個框框，寫入概要或重點。但是在塞滿文字的資料中，不管做了多少個框框，恐怕都很難誘導視線。還不如在文字的前後左右都留白，使焦點移到中心。調查顯示這樣反而能留下較持久的記憶。

　　從這件事情也可以看出，如果站在對方的角度去看手上的資料，就能明白是否因為自己的一廂情願，導致結果不僅無法打動人心，還令對方感到困惑了。

特徵

① 自主經營的團體
→所有人都是參加者、也是經營者

② 100 位講師陣容
→會員各自擁有新資訊及智識

③ 規模、業種相異的 100 間公司與 1 年
→有機會明白與自己公司不同的執行方式、思考方式

⇒並非「向人」請教，而是
『互相指導、學習』

不良範例

紅字與底線過多，無法誘導視線，因此讓人很難理解何者較為重要。

若擔會的三大特徵

100 位**相異者結盟**　　摩擦可產生創新

100 位**講師陣容浩大**　　會員有各自專長

100 位**皆自主營運**　　沒有人是被動者

不是「向人」請教，而是
互相指導、學習
提高公司內外人材價值

良好範例

就算沒有紅字與底線，靠留白及字型大小便能明白重點何在。
製作時間5.5分鐘。

秘技
10

強調「變化」

決策人員思考的是不能有任何浪費、必須聰明解決課題。與其觀看那些精美的資料，還不如有效解決課題來得重要。

點出尚未解決的現況，並且讓對方能夠想像出解決後的狀態，對方也就比較容易起而行動。

讓課題尚未解決的現況（狀態 A）變成課題已解決的未來狀況（狀態 B），就是最具打動人心效果的內容。要讓對方想像出解決問題的狀態 B，並且要將能走向狀態 B 的具體方法都放入 PPT 資料裡。

舉例來說，如果想勸對方減肥，那就要讓對方聯想到「瘦下來就會受到異性歡迎」這種未來狀態，如此對方便會產生興趣。

接下來再具體說明實踐方法，對方就會因為接收到訊息，明白「噢！原來如此，這樣的話就會產生變化啊！」而開始行動。

像這樣是否能將 A 到 B 的變化放入資料裡非常重要。

因此，資料上不應該鉅細靡遺地說有哪種跑步機、設備、功能、款式、健身房就在車站附近之類的內容，而要盡力表達出 A 到 B 的變化。

B 這種變化後的狀況，要做到讓對方想像出十分具體的程度，這一點非常重要。就像下一頁這樣，使用圖片來表現訊息，是最具效果的。

要達到讓對方明白的狀態，就必須促使對方腦中浮現的意象，與表達者描繪的預想圖一致才行。

為此，使用圖片或插圖而非文字，對方就不需多加思考，即能輕鬆接

收到正確的意象。

　　正因為如實共享了具體概念，因此被認為「不易理解」的風險也就降低了。

　　如果產生「想變成這種樣子」的感情，顧客就會認為這份感情有價值而願意付出金錢。這就是「感情價值」，或稱為「未來創造價值」。你要賺的錢，並不在於你所付出的勞力時間，而是你所提供的價值，務必讓這種未來印象變得鮮明，這一點非常重要。

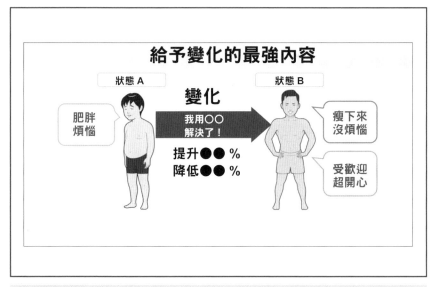

▶ 強調變化的投影片範例

大量使用「數字」
（最好是奇數）

以數字來表現重要性。相信這是所有商務人士都聽過的說法。

在打動對方的 PPT 資料中，大多包含了許多數字。尤其是在**開頭與總結的投影片裡放入數字的機率，是無法打動人的 PPT 資料的七倍以上**。

我們也在訪談中詢問了關於數字的效果，儘管有些人並未特別意識到數字的存在，但有 75% 的人表示「可接受且可相信」的感受推了他們一把，讓他們更易於下決策。從中我們發現到，通常是為了幫資料背書而使用數字。

舉例來說，像是「1,000 間公司實際引進」「59 間公司中有 47 間都成功了」「前三間占了整體七成」等，將實際業績與調查結果用數字來表現。

此外，有不少 PPT 資料也使用數字來說明變化，這也是特徵之一。與其寫著「營利提升」還不如寫「營利增加 20%」較能提高對方的關注度。

實際上「打動人心的資料」中，以數字來表現提案內容或範例的情況很多，其數字出現的頻率是無法打動人的資料之四倍以上。

另外，在 4,513 人的實驗中，指示他們使用數字來說明變化後，提案內容的成功率明顯提升，讓人感受到其高影響度。

同時我們也發現，**奇數比偶數更具效果**。這是名為「錨定效應」的行動偏差影響，也就是人類有將數字整合起來的慣性，因此看到 98 這類很接近整數的尾數，或是奇數那種不整齊的數字，就會因為很在意而有停留視線的傾向。

如果要用數字來表現調查結果、檔案、故事等，那麼請盡可能使用奇數（但絕對不可為了使用奇數而捏造數據）。

若是對方無法了解的事情，就算使用數字來表現也不會有效果。舉例

來說，如果該成分對方不懂，就算強調「添加某某成分 1,000 個之多的維他命」，對方也不會想購買。這是因為他們無法想像自己會因為那種成分，產生什麼樣的變化。

　　如果是「添加 1,000 個調整腸胃成分的巧克力」這樣的說明，就可能讓對方產生不只能品嘗到巧克力的香甜又有益健康，而感覺是令人安心的商品而伸出手。

　　反之，當我不知道牛磺酸這種成分是什麼東西，也不知道這種成分會為我帶來什麼樣的變化時，就算營養飲料的廣告仔細標出了牛磺酸的含量，我也不會想要購買。與其提出沒有意義的數字，還不如提出「賦予你超人的體能」這種未來意象，還比較能夠讓人想在疲憊時喝一下。

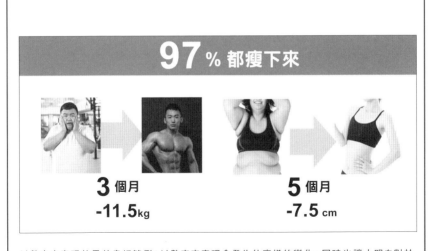

以數字來表現效果的良好範例：以數字來表現會發生什麼樣的變化。同時也讓人明白對於男性及女性都有效。製作時間 3 分鐘。

秘技 12 「標題」要在 35 字內，而且要添加數字

封面及標題都具有影響力。

尤其是標題特別重要，必須讓大家一看到就產生興趣，並且陷入其中直到最後。

剛開始說明沒多久，是對方精神最集中的時候，因此標題絕對不能隨便。為了打動對方，必須具有提供解決對方課題的內容，並且要讓對方感到安心，所以標題上得要讓對方知道會有何種變化。

在實驗中確知，打動人心的標題有兩個共通的特徵。

1. 首先是文字數。

將標題訂在 35 個字以內的話，對方較願意集中精神去看。

這是在針對 826 人的訪談中，分析那些他們評定為容易理解、以及能對他們的決策產生影響的投影片，計算出這些投影片的標題平均文字數為 35.4 字而導出的法則。

將此結果讓 4,000 多人進行實驗，確實具有提高成功率的效果，因此具備再現性。當然，不同內容的標題字數也有不同，但最重要的是記得縮減到 35 字以內，濃縮出重要的事情，就比較容易傳達給對方。

2. 數字的影響。

這是分析我的客戶公司內部往來信件及該企業傳給客戶的宣傳信件的閱讀率所得知的——**標題加上數字更容易讓人停留目光。**

標題有數字的信件被點開閱讀的機率較高，將此法則運用在投影片資料的標題上，發現加入數字能提高信賴度，且有讓人覺得看起來較能將資料內化的傾向。

如前述，對方期望著由 A（尚未解決問題的目前狀態）轉變為 B（解決後的未來狀態）的變化，因此若能以數字來表現這種變化，就會提高可信度，對方也比較能將資訊內化。

訪談決策人員時，他們提出了諸多意見，像是「投影片裡有數字的話，就如同幫資料背書，會讓人覺得可信任」「這樣可以得知對方的確很關心此話題，有確實調查過，讓我有好感」等。

放進數字能提高可信度，不管是信件或是資料都能提高對方的興趣，使對方將這些資訊內化至心中。

特別講座

製作時間 -20%　買賣成交率 +22%
獲得成果的投影片製作技巧

包含數字及符號在內總共29個字。製作時間7分鐘。

秘技
13

「頁碼」放在右上
或左上

　　能打動對方的資料，並非完全只是發表時說明的內容，最後的回答問題時間，也占了相當重要的部分。

　　尤其是決策人員會確認自己想的是否正確，同時目的也在於讓他們有所發現或學習，藉此帶出下一個行動。因此，如果有人提問，就表示他們對於這份資料感興趣。

　　我們也得知有人提出疑問的說明資料，以及完全不需說明的資料，之後造成的結果大相逕庭。

　　我針對某個通訊公司客戶調查「針對顧客舉辦的講座上是否有人提出問題」，以及「是否對於之後的商務會談產生影響」。得到的結果是「有人提出疑問時，成交率比沒人提出疑問的時候高，約為 1.4 倍」。

　　另外，如果製作資料的方法及資料內容本身就不行的話，那麼回答問題的時間也會有人提出意見。

　　但是，如果搞不清楚詢問的人究竟在說哪張投影片的事，就無法圓融地溝通，而且非常耗時間。

　　因此，為了能夠順利且確實針對詢問者的問題，請在投影片的右上角或左上角加入頁面編碼。

　　如果要使用對角線法則，那麼放在左上會比較有效。

　　但畢竟本意不在凸顯頁面編碼，而是要能夠順利回答疑問，那在右上使用較大的反白數字應該沒問題。

　　不過頁面編號如果不刻意注意，其實並不會進到視線範圍內，因此可

以在說明的開頭就告知頁面編號在右上角，建議在事前告知「若是針對某一頁有特別想問的事情，還請參考頁面編號」。這樣一來，在最後回答問題時就能夠順利進行。

我在一開始也是將頁碼放在右下或中央下方，不過後來放在右上角之後，確實感受到回答問題變得更順利了。

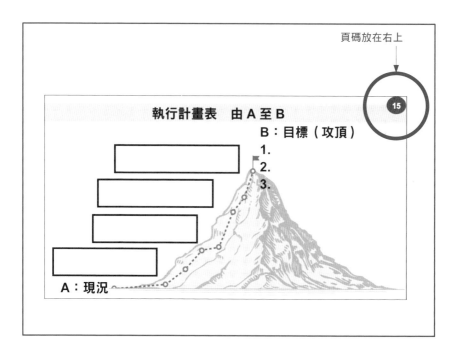

秘技 14 　放入「失敗案例」

對方會想要知道「懷抱著相同課題的人，已經解決了問題」。

舉例來說，如果希望會講英文，當然不可能委託不會說英文的人。如果是不管去多少次英文補習班，英文會話也無法進步的人，應該會詢問那些去同一家英文補習班，卻能開口說英文的人，是不是有什麼特殊訣竅。

不過，若只是介紹成功範例會很難取信於人。

在訪談調查中，「當初雖然失敗了，但是仍舊跨越難關而成功」的案例可獲得最高評價。

實際上，「打動人心的資料」當中置入失敗案例的機率，是其他資料的 3.7 倍。

如果打算處理的是「工作模式改革」，希望使用比現在更少的勞動時間，並且得到更好的成果，那就不會想要詢問「毫不費力便成功的人」，而是想要得知「有過同樣失敗，但之後成功的人」的意見。

如果強行置入，並未先有能使對方感同身受、有所同感的事實，那麼之後的資訊也不會當成「自己的事情」進入腦海。

畢竟對方也知道不會一切都順心如意，因此讓對方看到失敗及弱點，然後說明即使如此，自己仍怎麼克服了這些事情，以此說服對方，使其「感同身受」非常重要。

另外，實驗中我們也得知，如果只提出成功案例，對方很容易懷疑「是否其實有不好的地方卻刻意隱瞞了」。如果自己無法掏心掏肺，那麼對方也不會對自己敞開心胸，有些例子是藉由共享過去曾發生的失敗案例，便

可獲得對方的信賴。

　　我認識許多成果豐碩的業務，他們不會擺出高高在上的姿態，且在隨口聊聊之間也會堂堂正正的展現自己的弱點，以縮短和對方之間的距離，並且試圖敞開心胸給對方看。

　　如果要提供資訊給尚未建立關係的對象，那就更要具備這類縮短距離感的功夫。

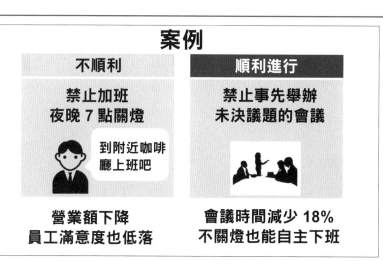

左邊是失敗案例；右邊是成功案例。也就是讓對方看「一開始採用左邊這種作法，但不順利，所以換成右邊的方法，便順利進行」。

專欄 COLUMN

可活用在 PPT 製作時的效果與原則

　　以下介紹的是可以讓人一次說 OK 的資料中，證實存在的心理效果及原則。

從眾效應

　　這個心理效果說的就是，大多數人都選擇的東西會讓人感到安心，所以自己在選擇時也容易跟隨而選了該項目。也就是說，若能展現出「有九成通訊公司採用本公司商品」「顧客滿意度 No.1」等內容，就能使對方感到安心、放心而產生購買意願。

　　有時會看到「銷售 No.1」「獲得○○大獎！」等宣傳文字，這也是依循從眾效應的例子。展現出這是大多數人的選擇，就更容易被選上，因此要活用在介紹公司等處。

　　這個心理學名詞原先使用的是花車，也就是「在隊伍前方奏樂的車子」，通常會被用來形容是牆頭草或隨波逐流等。

展望理論

　　這是「避免損失比獲利更重要」的決策相關法則，是由美國的心理學家、獲得諾貝爾經濟學獎的丹尼爾‧康納曼所提出的理論。

　　所謂展望，指的就是期待、預想、預估。在可獲益的情況下，會選擇能迴避風險的方法。另一方面，在可能會損失的情況下，則會積極納入風險。

單純曝光效應

　　這是指「如果反覆接觸，就會提高對那個人或那項事物的好感」的心

理狀態。如果經常去顧客處露臉，對方就會對自己有好感進而促成交易；不斷宣傳商品便能使消費者有好感，通常活用在行銷方面。

是在見到的瞬間就產生負面情感的話，不管接觸多少次，好感都不會提升，因此第一印象非常重要。

在此我要再提醒大家，對方會在最初的 10 秒內判斷資料是否容易理解。資料說明在剛開始的 45 秒內就已定勝負。

稀有原理

這是給予對方較特別的對待，而獲得對方的好感與信賴的技巧。不管對方是男是女，獲得特別待遇總能令人心情大好。

舉例來說，如果收到「會員限定販售」的電子郵件當然很開心囉。另外像是「我只跟你說」這類商量煩惱而獲得信賴感的情況也是。

在提案資料當中，也可以與顧客的競爭對手互相比較，然後提出「只提供給貴公司」「只到這個月底」等限定感，會特別有效果。

第 **2** 章

巧妙活用圖表、
影片的 11 個重點

使用圖片等素材最重要的是,要有意
義。這一章就為大家介紹提高對方興
趣及關心的素材活用法。

使用「高品質圖片」

本章介紹的是巧妙使用製作 PPT 不可缺少的「圖片、影片、表格」之重點。大多數人傾向於放了太多這類素材，導致真正想傳達的資訊反而被模糊掉了。事實上品質遠比數量來得重要，因此本章將逐一說明調查結果，以及分析具有再現性的方法。

如果你想要拿到一個大契約，或是想要解決一個非常大的課題，那麼建議你使用高品質的付費圖片。

這麼說是因為，比起大家平常那種拿起手機隨興拍的照片來說，非常注重角度、光線、色彩等方面的攝影師所拍攝的高畫質照片，更能讓觀者產生視覺震撼，並且留下印象。

在實驗當中，雖然無法比較使用付費圖與免費圖的情況，但在訪談決策人員的過程中進行比對發現，**即使內容相同，但覺得用了付費圖的資料比較好的人高達 73%。**

付費圖庫服務有 Shutterstock 及 Adobe stock 等多家可選。

大家可以根據自己的需要選擇付費方案，我的情況是每個月支付定額。在這些圖庫網上，輸入關鍵字就可以搜尋找圖，或也可以在 PowerPoint 程式中按下搜尋、找出需要的圖片，然後直接插入投影片裡，像這種有經授權的圖片就能用在對外的演講或提案資料中。

如果是公司商用建議都買付費圖片，事實上一張高品質的圖片的確能夠達成非常大的功效，每個月只要付個幾千塊，十分划算。

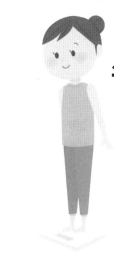

每天站上體重計的人
減肥成功機率
是平常的 **3**倍

▶ 使用免費圖片的範例

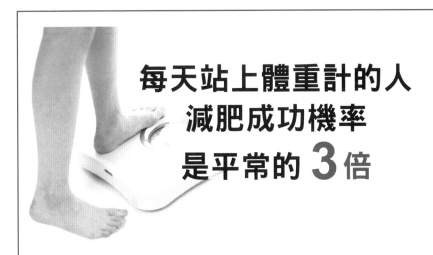

▶ 使用高品質付費圖片的範例

重點 02 「標語」要短、有效果

能夠帶出圖片效果的，就是標語（說明文）。

以短文來介紹該圖片代表什麼意思，就能順利將資訊置入對方腦中，並且印象深刻。不過，要是放了蘋果的圖片，那就不需要特別寫出「蘋果」，畢竟一看就知道是蘋果了。

如果投影片是要表達蘋果之於健康的功效，那寫上標語「一天一蘋果，醫生遠離我」，就能夠正確掌控對方的感受，覺得蘋果＝健康的食物，會比只使用文字來表現更能加深印象。

最重要的，就是標語要夠短。

被稱為「金句」「箴言」「標語」的那些可以深刻烙印在心中的話語，都是短又震撼人心的句子。

舉例來說，歷年的廣告金句「肝哪顧好，人生是彩色的！」「好東西和好朋友分享」「Trust me, you can make it ！」「認真的女人最美麗！」這類話語都很容易就讓人留下印象。

因此不要寫「每天吃一顆抗氧化功效高的蘋果，維持健康好身體」這種表現性能的內容，而是置入「一天一蘋果，醫生遠離我」這種展現效果（＝價值）的標語會更好。

每個月舉辦5次讀書會、聚餐互相交流，以提升技術。

不良範例

眼睛都聚焦在圖片上，容易忽略標語。這種投影片被抱怨：「重點是？」的可能性非常高。

良好範例

一眼就能了解圖片要傳達的意思，很容易就讓觀者將這句話放進腦袋裡。製作時間1分鐘。

「圖片」要配合文章編排

重點 03

圖片的編排也要多加注意。

在翻看 5 萬多張投影片時，其中有不少插入圖片的投影片，讓人感覺圖片本身就是目的，尤其是將圖片放在難以理解的位子或遠離直線與對角線的案例。

詢問製作者後發現，似乎是因為過於集中心力在挑選出令人震撼的圖，結果反而忽略了圖片的位置和標語。

這對於觀看資料的人來說，會逼得他們必須思考，而容易判定「這是難以理解的資料」。

除了圖片本身以外，相關的圖形及內容都必須安排在對應的文章附近，這個大原則絕對不可以忘記。

另外，如果在投影片中插入圖形，有 75% 的人會思考應該放在哪裡；83% 的人則會以滑鼠來移動該圖形，使其配合其他的圖形與文字。

但是一這麼做，就會忘了原先的目的是「要如何打動對方？」而逐漸轉變為只求完成製作 PPT 資料。為了避免演變成這種狀況，對齊圖形的作業時間要盡可能縮短。

因此我推薦大家使用「對齊圖片」的功能，讓指定的圖片一鍵對齊中央或靠右、靠左。

這個功能就在「圖片工具」的選單中，但是每次要找都覺得麻煩，因此建議將它放在快速存取工具列。詳細在 144 頁會再說明。

東京鐵塔
- 1958 年 12 月完工
- 高度 333 公尺
- 港區芝公園

東京晴空塔
- 2012 年 5 月完工
- 高度 634 公尺
- 墨田區押上

不良範例

說明文章和圖片分開放，容易令人疲憊。

東京鐵塔
- 1958 年 12 月完工
- 高度 333 公尺
- 港區芝公園

東京晴空塔
- 2012 年 5 月完工
- 高度 634 公尺
- 墨田區押上

良好範例

一看就清楚明白、容易比較。觀者很容易就懂哪張圖配哪個說明文。使用留白來引導視線。製作時間 3 分鐘。

善用「3D 模組」增添魅力

隨著設計軟體（CAD）從 2D 進展到 3D，PowerPoint 也從 2016 年起就能輕鬆插入 3D 圖片了。對於觀者來說，會動的影片比靜止的圖片更容易留在腦海。

如果能讓對象物體立體化且具備動感，就能讓對方留下深刻印象。

可以選擇內建的 3D 圖片素材，或從插入選單中選擇其他軟體製作成的 3D 物件。其中甚至還會有一些具備動作的 3D 模組，這會比普通的影片更能震撼人心。

推薦 3D 圖片的裡由有二，分別是解除倦怠及意外性。

1. 解除倦怠

136 頁會有詳細說明，如果在一開始的時候對方就沒有抬起目光，那麼要使用視線來使資訊進入對方腦海就會有些困難。

也可以使用圖示或圖片來讓對方抬起目光。為了表達內容本身的說明中何者重要，通常會想到使用圖片或圖示。不過在訪談中得知，若使用太多圖片，對方也會感到厭倦，因此最重要的還是「使用高品質的圖片」，讓對方的目光能夠停留，藉此達到打動對方的效果。

因此，3D 圖片在整份投影片資料中只能使用一次。

在訪談決策人員時，回答「用一次頗為恰當」的人有 85%。如果目的是要集中聽眾的目光，那麼請在封面或緊接的下一頁中，選擇配合主題的 3D 圖片，並且最大只能占該投影片的 1/4 大小。

2. 意外性

在訪談的決策人員中有 99%，都不知道有 3D 圖片。後來讓 237 人觀看 3D 圖片的功能模組後，所有人都大為驚訝，其中有 70% 給予正面反應。大多數人也都表示這非常容易留下記憶。另外，也有很多人提出「如果是正在評估是否購買的商品，能看到物品立體化的樣子，就會有更具體可評估的感受」。118 頁中說明，這對於建立將資料內化所需的心理樣貌有很大的幫助。

在之後實驗的調查中也發現，如果在說明住宅、精密機械、家電等物品時，使用 3D 圖來說明，有 67% 的資料製作者表示「比平常還要容易得到對方的好評」。也有業務人員使用 3D 圖，從各式各樣的角度說明獨棟住宅後，業績大幅成長。

經調查發現使用 3D 圖片時，由於這是對方不知道的功能，因此會感到驚訝地表示「哇！」而在腦中留下深刻印象，效果非常好。但是，讓對方看 3D 圖片這件事情本身並非目的。請記住這是為了打動對方的手段，只有在評估素材會有效讓對方受到震撼後留下印象時才拿來利用。

請避免只是想滿足自己想使用最新機能的私心，再怎麼說，聽說明的人才是主角啊。

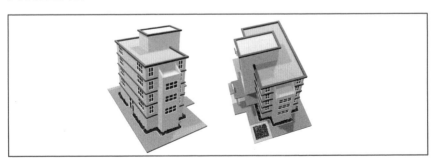

▶ 3D 模組範例

放「影片」，只能放一段

相較於圖片，有動作、有聲音的影片較能刺激對方的五感，也能停留在對方的記憶中較長一段時間。

在 74 頁介紹的付費圖片服務中，也有些會提供高品質付費影片。

但是，影片絕對不能使用過多。這是因為**太震撼，很可能會讓觀者忘掉其他重要的事情。**

翻看「打動人心的資料」中也會發現，沒有任何一份資料用超過兩支影片。

使用影片的案例，可能是在開頭用來讓大家把概念放入腦海，也就是給予動機；或是在後半對方開始注意力渙散時，讓對方加深印象等，有刻意使用的意圖，但出現頻率非常低。

舉例來說，對於感情派（113 頁）決策人員來說，能否讓他們對未來將實現的世界產生積極的感情，會左右他們的決策，因此使用影片來凸顯未來樣貌。

與其削減成本，還不如表現出削減成本後員工們生氣蓬勃工作的樣子，這樣他們會更加安心，而願意集中心力傾聽接下來的說明。

如果對方是理論派（116 頁），那就用影片（動畫）來表現圖表或數字的變化，讓對方對於削減成本及提升利益方面有具體的概念，這樣他就會有興趣聆聽你提出的話題。

如果以數字來表現變化，就能增加可信度。使用圖表就容易與其他要素進行比較，這樣一來會讓數字的寓意更好理解。

實際上，為了讓圖表中的重要數字及要素更加醒目，可以在比較該要

點與其他要素時慢一拍顯示，或是以圖表的更迭來表現數字的變化，在調查當中發現這樣較能停留在人們的記憶中。

建議使用有聲影片

影片又稱動畫，也就是讓圖畫動起來，藉此刺激視覺，而**有聲影片又更具效果**。

舉例來說，與其顯示出貓咪的圖片，還不如放有貓咪喵喵叫的影片，較能讓人轉移注意力。不過若是交通工具或風景影片，有些相關的聲音會被認為是不舒服的噪音，因此最好避免使用。

動物的鳴叫及人類的聲音（談話）給人的震撼感很大。笑聲或拍手都能引起說明對象產生連鎖反應，實際上因為出現笑聲或拍手聲，也能讓會議室裡的氣氛變得明亮許多。

另外，**將與他人對話的攝影影片貼在投影片上播放，也非常有效**。尤其是介紹成功案例時，放與那個人相關的影片獨具效果。因為這樣除了事實外，還能將那個人的想法也傳達給對方知道。

有聲影片之所以非常有效，正是因為緊接著視覺進入人腦的感覺就是聽覺。從視覺獲得的資訊量是最多的，有 70% 以上的資訊是從眼部進入大腦。接下來最多的是聽覺，有 10% 以上的資訊從耳朵進入而成為記憶。

重點 06　透過螢幕錄製插入「示範」

Windows 版的 PowerPoint 中有個「螢幕錄製」的功能，從「插入」選單裡選擇螢幕錄製，就能指定錄製電腦畫面的哪些區塊。

接下來會在倒數之後開始錄指定的範圍畫面，只要是出現在該範圍內的東西都會被錄下來。

舉例來說，包含電腦滑鼠的移動、其他軟體等動作，都會被錄成影片，因此與其使用話語來操作，不如實際將操作的樣子錄下來，對方看了也比較容易明白。

這除了用來製作資料外，在說明電腦操作的教學上，或是公司內部的軟體及網站等，都能讓觀者有更為鮮明的臨場感。

這是無法放在分發資料中的功能，如果是要說明企畫內容或是會顯示在螢幕上的東西，請務必試著活用此螢幕錄製功能。

少用「動畫」，
多用「切換」功能

PowerPoint 內建有讓讓物件動起來的「動畫」功能，使用此功能可製作出更易於觀看的資料。不過請盡可能避免使用。這會讓對方感到疲憊，反而提高無法傳達重要事項的風險。

如果希望在維持對方的注意力下傳達重要事項，那麼與其使用動畫，不如使用畫面「切換」的功能。

分析 5 萬多張投影片，發現最常使用的畫面切換效果是「淡出」。

事實上，與其突然翻頁，還不如以緩慢速度翻過去，會給人比較沒有壓力的印象。所以會得出這樣的結果是可以理解的。

但是，偶爾也有必須刻意將資訊置入對方腦海的時候，因此只要時機恰當，就要利用動畫或是更醒目的投影片「切換畫面效果」。

順帶一提，中小學校的老師在學習操作 PowerPoint 時，很容易傾向盡可能使用大量功能，尤其會關注圖片或圖形製成動畫之後，畫面是否會不斷滾動的投影片。雖然說製作說故事圖片，用 PowerPoint 的確比手工繪製來得輕鬆，但是內容一直閃來閃去也可能產生反效果，使對方感到疲憊，務必多加注意。

超過 30 分鐘，
每 5 張放 1 張圖或影片

　　人類的集中力，會隨著時間流逝而慢慢衰退，要在 30 分鐘或 1 小時內持續保持最高度注意力，是非常困難的。

　　中途可以詢問聽眾的意見或與他們對話，維持對方的興趣與集中力。但目前已知，刺激眼睛是最具效果的，能夠投入最多的資訊。

　　具體來說，調查得知如果簡報會超過 30 分鐘，那麼每 5 張投影片就有 1 張放出大大的圖片或影片是最具效果的。此外，如果聽眾超過 30 人，放影片會比放圖片更能消除對方的睡意，也比較容易留在聽眾的腦海中。

　　針對這個問題，我們也做了問卷調查，分別比較 A、B、C 三種一樣內容，但製作細節不同的 PPT 資料，在演講或簡報結束後詢問聽眾「簡報時間是否適當？」

　　首先 A 是 5 張投影片中就有 1 張放了大張圖片或影片；B 也比照 A 的作法，但是圖片或影片沒有特別放大；最後 C 內容相同，但不放圖或影片。

　　結果，A 的作法，有 85% 的人回答「適當」；B 為 68%；C 只有 61% 表示「適當」。另外 B 的部分，其中有 10% 的人認為「太長了」；C 則有 15% 認為太長。明明是相同的內容，卻給人感覺比較久，主要原因可能是出在對內容沒興趣、提不起關心，而沒有留下記憶。

　　一般都說，**說明資料最多 1 分鐘 1 張投影片**。但是，如果只傳達重要事項、投影片的文字量低的話，就不需要特別在意 1 分鐘 1 張的限制。

　　不過，在 82 頁已經說過了，影片在整份 PPT 資料中，最多只能使用「一段」，這點還請多加注意。

重點 09　借「蔡格尼效應」引發興趣

在製作能夠打動人心的資料時，請巧妙活用先入為主的觀念（偏見），以最具效果的方式將資訊置入對方大腦。

在實驗過程中最具效果的偏見就是「蔡格尼效應」，也就是**連續劇及廣告經常可見的「後續請看ＸＸＸ」這種手法**。

人類大腦普遍具有一種偏見，就是對於尚未達成的事，或是被迫中斷的事情有著強烈的記憶和印象。一中斷後，就感覺到壓力，而會試著想要去完成那件事以獲得滿足。

尤其特別在意失敗，會試圖做些改善來留下好結果，以解除壓力。相較於將事情順利完成，被打斷反而更能提高記憶力，這個理論是由蘇聯的心理學家布魯瑪‧蔡格尼（Bluma Zeigarnik）於 1927 年所進行的實驗發現，因此被稱為「蔡格尼效應」。

如果要活用這種先入為主的觀念，就不要把所有資訊都放在投影片裡，而是只放上最重要的事情，然後以「接著看下一頁」或「詳細內容見補充資料①」來誘導對方會比較好。

舉例來說，連續劇在拍攝時都會設計，每集都結束在讓人非常在意「接下來會如何？」的片段。然後再用下集預告讓人稍微窺見之後的劇情，以引發觀眾的興趣，吸引他們繼續收看下一集。

稍微透露一下之後的資訊，能讓對方提起興趣與關心，進而主動去觀看該資訊，做出將資訊內化的行動。

另外，在 68 頁中也有提到，若是要置入其他使用者的案例，那就要放失敗案例，這樣才可以誘發對方做出改善行為。正因為不希望一直失敗，所以一定會想知道「他那樣失敗之後，又是如何成功的呢？」

沒有付出辛苦代價就成功的案例無法獲得共鳴，而只提出成功案例的人同樣無法贏得信賴。

請不要將所有東西放在 1 張投影片內，應該使用能夠連結到下一步的手法；同時要介紹不會讓失敗狀態持續下去的案例，讓對方自發性地做出行動。

今日總結

1. **下期方針**：接觸 75% 的潛在需要
2. **營業戰略**：對既有客戶提出交叉銷售
3. **推展廣告**：在第 3 季時大量投入數位廣告

下期**投資預算**，將於**下次**會議説明（務必參加）

此為「蔡格尼效應」

▶ 比起已完成的工作，人們更難忘記未完成或被迫中斷的工作，這就是心理學所稱的「蔡格尼效應」（Zeigarnik effect）。

重點 10　「圖表」要能讓人洞察先機

　　經營者或經營團隊成員等人，最喜歡聽人使用詳細數據向他們說明，而這個數據的呈現方式就是圖表。

　　使用圖表，除了可提高數據的可信度外，也能增加對方的信賴感。但，若是用錯方法，反而會讓對方感到疲勞、降低他的行動意願，務必多加注意。

　　舉例來說，向參加活動的人進行問卷調查，如果只說明「非常滿意的有 16%、滿意者有 40%、兩者皆非的是 35%……」單單這些數字並無法判斷好或壞。

　　如果不加以說明，這樣的結果會引發什麼事情？只會讓對方感到混亂吧。而應該向對方做以下說明：「回答非常滿意，而且滿意的人共占了 56%，和去年的活動相比，滿意度下降了 11%。原因包括入場時的等待時間太長、找不到洗手間等，明年在控場方面必須再加強。」

　　在訪談決策人員時，最常聽到的詞彙前十名包含了「洞察力」這個關鍵字。也就是所謂的「洞察先機」。簡單來說，就是該份數據及調查是否具有可學習的事情或是新發現。

　　舉例來說，最近十年的時薪增加率英國為 87%、美國為 76%、法國為 66%、德國為 55%、日本則是 -9%，不要只將各國數字排列在投影片上，而要放上直條圖，並且加上說明「先進各國平均增加 71%，只有日本減少 9%」，這樣更能把該圖表的訊息傳達給聽眾。

圖表運用自如的四項規則

重點 11

　　使用圖表本身並非目的。再怎麼說都是為了傳達重要的事情，因此應該以是否可作為手段來用，由此判斷要不要使用圖表。

　　實際上，有 68% 的決策人員喜歡圖表及數據等東西，而當中有 70% 以上大為感嘆老是看到一些很醜的圖表。

　　另一方面，我的 PowerPoint 教學聽眾裡有個會花費一個多小時製作五彩繽紛圖表的人。這個人在不動產公司工作，據說對於業績無法提升深感困擾。

　　在訪談了這兩方人員後，了解到最重要的其實是，要在簡單的圖表中，凸顯出重要的部分。

　　以下為大家介紹善用圖表的四項規則。

規則 1. 圖表要在 3 色內

　　在第 1 章已經說明整體的顏色使用法，圖表也一樣請限制在 3 色以內。畢竟目的是要傳達重要的事情，因此即使是圖表，也必須預先決定好要凸顯什麼東西，以及哪些東西要做得讓人不去注意，再以重點色及大小來刻意傳達重要的事情。

　　顏色和圖片一樣，不要使用高彩度的原色，請用低彩度的扁平色。想要強調的部分，就使用重點色。其他顏色如果能夠使用黑白灰階，那麼重點色的部分就會變得清楚易懂了。

規則 2. 大前提是不妨礙文字

　　如果資料裡要傳達的事情，使用文字就能充分表現的話，那麼作為補充數據使用的圖表，請限縮在投影片的 1/4 內。

如果會妨礙到重要的文字，不要放圖表會比較好。

規則 3. 要表現大小就用直條圖；要表現比例就用圓餅圖

比起文字，若是使用數據或數字來表現會更容易傳達意思的話，那就使用投影片一半以上空間來放置圖表及數字，並且以文字說明想要展現的內容。

另外，如果想表現大小就使用「直條圖」；想要表現出比例的話就用「圓餅圖」，這樣更容易讓對方一目了然。

規則 4. 用「螢幕擷取畫面」功能把 Excel 表格做成圖

如果將 Excel 做好的圖表直接貼進 PowerPoint 會變得難以觀看，而且重新編輯過後的設計會跑掉。因此要把原先的數據留在 Excel 表格內，再利用「螢幕擷取畫面」功能把 Excel 表格做成圖片，然後貼入 PowerPoint 上，效果和效率都比較好。

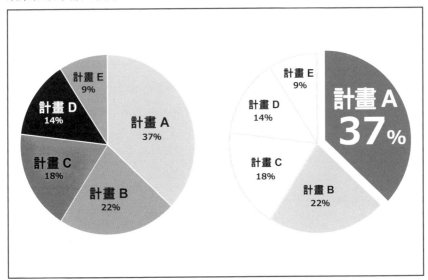

▶ 左邊是色彩繽紛的不良範例；右邊是 3 色以內的良好範例

扭曲的評價制度催生了
過於華麗的投影片

　　20 年前我在地方自治單位負責業務時，曾經帶著 PPT 提案資料前往業務對象那兒，對方的負責人還沒看內容就數起了有幾張資料。然後說：「另一間 A 公司做了 60 多張資料，所以貴公司至少也要有 50 張才能拿過來吧。」他看重的並不是內容，而是究竟花了多少時間準備資料。

　　由於我非常想拿到那個案子，所以回去熬夜重新製作，第二天交出了 60 張投影片去提案，日後果然成功締結契約，想來十分可笑。

　　雖然這已經是 20 年前的事情了，但我想至今仍有企業或機構會像這樣以努力而非成果來評價部下。

　　在過去高度經濟成長期，普遍會依據功能及規格去購買商品，也就是傳統的消費時代。在那個時代研究開發出許多創新物品，不管開發出什麼商品，只要有上廣告，消費者就會買單。

　　在那個「傳統消費」時代中，部下總被要求「照我說的做就好」。因為只要照著主管說的做，營業額就會逐漸提升，可以說只不過是在考驗員工對主管及公司的忠誠度。為公司流下多少汗水、付出多大努力拚命去做，都會反映在人事評價上。

　　我自己就經常遇到主管指示我「先做好資料」，但提交時主管卻說：「我有這樣交代嗎？」

　　另外，除了銷售額及業績外，製作資料本身也會被當成工作成果來評估，就這樣 PPT 資料變得越來越華麗了。然而，現今多數商務人士最為苦惱的，卻是主管交代「你們要自己想啊」。

　　現代社會已經轉變為非購買商品功能，而是掏錢給該功能衍生出的價值及體驗的「體驗消費」時代，顧客想要的東西變得非常複雜而難以判斷。這樣一來第一線員工就必須掌握顧客的問題，並且立刻解決，這才叫作「創新」。

　　由於勞動方式改革相關法案的影響，有越來越多部下被怒斥「你到底花了幾小時在這麼漂亮的投影片上！」。
　　畢竟是這樣的時代，最聰明的辦法還是別做無謂的事情，以最短時間留下成果才能獲得好評。

　　管理階層的人，請不要稱讚那些交上豪華投影片的部下。如果用那份資料能打動對方、留下成果的話，再稱讚他們吧。商務人士也請不要以製作美麗的投影片來滿足自己，務必有明確目的再開始動手做。

　　表現出有多細膩及辛勞就能獲得同情，使對方付出相應價值的時代已經結束了。
　　如果能以良好的內容，提供對方利益的話，花多少時間製作是沒有差別的。反而是花費較少時間，能夠產生較高價值的人，較能贏得大家的好評。

第 **3** 章

準備決定九成！
一次 OK 必須留心的
11 個撇步

請將時間花費在理解決策人員想要
什麼？如何才能使對方行動？並且
研擬對策。世上絕對沒有「散個步就
到達富士山頂」這回事。

決定攻頂後，再登山

散個步就到了富士山頂，這種事情是絕對不可能發生的。不管有多棒的手段（戰術），如果目的（戰略）不精確的話，就無法抵達終點。

製作 PPT 時也一樣。如果沒有明確定出應該如何打動對方這個目的，就無法達成結果。

製作一次 OK 的簡報，事前準備占了九成。
務必徹底掌握想打動者的資訊，再來研擬對策。

對方有什麼樣的課題及期望？對方想要什麼樣的資訊？提出資料以後期待對方會採取什麼樣的行動？請對方看過資料以後，他說了什麼就代表成功說服？……等，這類必要資訊都要整理出來，並且思考實現這些所需要的戰術（說服方式）。

下面會繼續說明，如果沒有接觸到對方感興趣、關心的事情，就無法按下「意願開關」。對於棒球沒興趣的人，不管你說再多擊出全壘打的技巧，對方也只會一臉呆滯，並不會想立刻行動。

但是，如果那個擊出全壘打的方式，能夠解決對方目前面臨的課題，那他自然會感興趣。

舉例來說，向有腰痛煩惱的人說明：「打出全壘打時，移動重心非常重要，如果能記住那個動作，你的腰痛也會減輕。」那對方肯定會提起興趣學習。

不要只是提出資訊，必須站在對方的立場、思考對方的課題究竟為何，然後再針對該處提供適當的資訊才行。

活用恐怖故事與快樂劇本

另外，在商品和資訊氾濫的現今社會，大多數人是「沒有特別想知道什麼資訊」或「沒有什麼課題待解決啊」。

這些人並沒有自覺想要什麼樣的東西，因此不管給他多少資訊，他都不會有所行動。如果只是呈上一杯水，對方並不會喝下，因此要等到對方感到口乾舌燥的時候再提供水才管用。

這種情況下，就不要以解除對方痛苦的方式來接洽，而應該以**恐怖故事（令對方感到害怕的事情）及快樂劇本（能獲得幸福的方式）**來進攻。

所謂恐怖故事，就是指「沒有這麼做會有風險」的說明手法。比方說「對手 A 公司和 B 公司都這麼做了，如果我們公司不做，將會被他們拋在腦後」、或者「現在使用的軟體明年就沒有支援服務了，如果不換成新版本，遇到問題時會措手不及」等，這些都算是恐怖故事。

不過，這樣做會讓人行動得非常心不甘情不願，並非打從心底想做。如果沒有從外部給予動機，就無法持久。因此要再使用快樂劇本「增添對方的喜悅」。

分析「打動人心的資料」得知，有許多會放入使用其他公司的成功案例來提高觀者喜悅的案例。

舉例來說，可使用露出滿面笑容或積極的身體動作圖這一招。**笑容、尤其是白牙以及眼睛極具影響力，可以傳達出幸福的感情。**

如果將其他公司的成功案例放入提案資料中，與其使用眉頭深鎖的強而有力的談話圖片，還不如使用相關人員都露出開懷笑容的圖，比較能促使人想像「我是否也可以如此快樂」，進而提高對方將資訊內化後仔細觀看

的可能性。

如果是消除對方痛處的提案，那只是讓負值歸零，並沒有獲得加分。畢竟對方還是會期望提高指數，因此必須置入「增加愉悅」的要素。

在面對面訪談調查得知，**能夠刺激愉悅這個情感的，是圖片與影片**。將對方希望呈現出來的樣貌具體以圖畫來表現，便能輕鬆進入對方腦海、共享喜悅之情。

如果是負責業務的人員，那麼目的應該是在說明之後締結契約吧。不能只是讓對方理解你提出的商品及服務。必須準備好下一步，也就是攻頂讓對方與你簽下契約。

我曾經詢問過全國成績頂尖的保險業務員，對方似乎在準備的時候就思考著「51% 對方的事情、49% 自己的事情」。當然，提出適合對方的商品是絕對必要的，但他認為也必須思考自己想要的事情。

資料最後放上激發勇氣的話語

話雖如此，如果當個溫柔的好人，是無法在業務上提高成果的。讓對方與自己都感到高興，才是業務的攻頂目標。

使對方理解自己提供的價值之後，如果沒讓對方感受到自己「希望能締結契約」的心思，對方是不會明白的。

阿德勒心理學告訴我們，賦予「給對方勇氣」能夠打動對方。

針對對方的問題，將解決目標設定在只要稍微加油、踮個腳尖就能到達之處，然後告訴對方「快到了！」給予他勇氣，讓對方願意挑戰。

當然不能讓對方做過於勉強的挑戰。阿德勒也說，並不是所有人都會因為對方而改變自己的情緒或行為。

比起有些人會說「你辦不到」便無情離去，如果對方會對你說「沒問題，你行的」，你反而會受到後者吸引而起身行動。

實際上在實驗中，如果在最後整合的投影片裡放入促使對方挑戰或行動的話語，那麼將會得到提交資料對象較高的評價。

雖然不是嚴密精算的數據，但已得出大約會提升兩成左右的行動意願。還請務必在資料的最後，添加激勵對方勇氣的話語。

順帶一提，聽我演講的人當中有 93% 表示「非常滿意」，但實際上會去行動的人只有 20% 左右。

不過，在最後放入下面這張投影片的話，雖然滿意度只有稍微增加，但實際行動的人卻暴增到 40% 左右。看來最後這個「推對方一把的投影片」確實能打動人心。

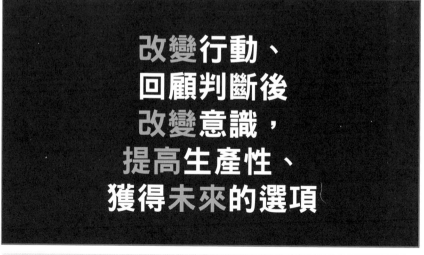

▶ 最後放上激發對方勇氣的話語

撇步 02　按下「意願按鈕」的 三大要素

　　雖然這是理所當然的……如果不明白投影片的內容，就無法做出下一步行動。

　　在面對面訪談過程中，當對方說出「重點是？」的時候，分析感情會發現當中帶有怒意與氣憤，同時也確定了 76% 的人發言極為負面。

　　實際上如果對方說出「重點是？」的話，不接受此提案的機率會非常高。

　　人要起而行動，必須有「形成動機＋能力＋契機」三項組合在一起。

　　沒有理解投影片內容，就表示沒能形成動機，也就沒有任何契機。

　　另外我們也知道，對於一個人的行為具有最大影響的，就是他自身的好奇心及興趣，而從內心發出動機（內在形成動機）。

　　這個打從內心形成動機，就是「意願按鈕」。

　　就算拚了命說明對方不感興趣的東西，也無法按下「意願按鈕」。

　　根據調查，我們得知與其給予金錢價值或恐懼等外在動機，若能刺激對方本身的關心及好奇心，按下「意願按鈕」的話，比較容易獲得期望的結果。

　　另外我們也知道了，那些沒有得到決策同意的案件，大多是因為對方無法理解內容，因此並未形成動機。

　　那麼，應該怎麼做才能按下「意願按鈕」呢？

　　這需要三個步驟來推進。

「①容納自我」及「②他人認可」

這是說，要讓對方實際感受到自己受到認同和推崇。因此 PPT 的資料裡，必須認同對方所思考的事情，然後在那個基礎上提出更好的方案。

「③自我選擇」

為了引起對方自發性的決策，必須給予對方一個選項架構，讓他有所選擇。

根據調查得知，在最後的判斷，要讓對方從好幾個選項中做出選擇，這個行為能促使對方自發性的行動。

綜觀來說，我們可以清楚知道，獲勝模式就是資料中要包含「認同對方思考及主張的內容、承認對方原先就知道的事情是正確的，並且在最後備妥好幾個選項讓對方做決定。」這個事實在之後的檢證實驗也得到證實。

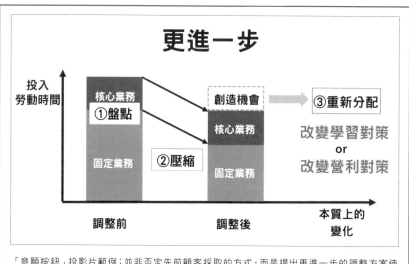

「意願按鈕」投影片範例：並非否定先前顧客採取的方式，而是提出更進一步的調整方案使其有所選擇。

撇步 03 製作資料前先創作「故事」

PPT 製作只是一種手段，是為了使他人如自己所想的去行動，因此務求先確實了解並想好具體上希望對方採取什麼樣的行動。如果無法以言語來表達，就無法傳達給對方。

另外，也請確實研擬作戰計畫，決定應該如何傳達給對方。與其努力將簡報資料做得非常漂亮，還不如將這些力氣耗費在戰略研擬上，比較可能獲得漂亮的成果。

請不要馬上就打開電腦，先想好故事吧。

請先思考對方是什麼樣的人、怎麼做可以打動他？並且把故事寫下來。

在這個階段，傾力灌注在先動腦而不動手會比較好，因此建議先用手寫下來。

我們實際上邀請 4,513 人時進行實驗，分成先從手寫故事開始進行工作的 A 組，及立即打開電腦製作 PPT 的 B 組。調查兩組製作投影片資料所需的時間及效果，發現從手寫故事開始的 A 組，平均作業時間比 B 組少了20%。

如果馬上打開電腦、開啟 PowerPoint，很容易就將精神集中在移動圖片、撰寫文字上，結果反而浪費了很多作業時間。

請先使用白板或筆記本研擬戰略吧。然後思考希望誰採取什麼樣的行動，將目標明確化之後，再來思考步驟及流程。

在這個階段先確定好投影片大致的結構。例如，根據時間限制及對方的屬性，來決定投影片張數及文字量。

另外，也要決定好寫下結論的投影片要放在哪裡，並且設計好以誘導

對方的意識流向該處。

　　這本書也一樣，我是先動手寫下故事大綱後，才執筆撰文。

　　沒能獲得成果的人覺得好而去執行的實際案例、應該如何連結龐大的調查結果才能傳達給讀者等，這些都經過模擬並寫在筆記本上。

　　這本書的目的，是將製作投影片的本質盡可能傳達給更多的讀者，同時也希望能改變大家製作資料的方法。

　　因此，我花了許多時間在前置的故事結構上，而非立即執筆撰寫本書。有了非常完整的故事，在繕打文章時就不太會徬徨無措，因此能順利、不浪費時間的推動執筆進度。

前置準備

- 不要一開始就使用 PowerPoint →大腦比較容易靜心
- 用 Word 或手寫的方式輸出靈感、組織整體結構→製作投影片

以「AIDCA」落實故事

撇步 04

寫好了整體故事後，接下來就要架構投影片的張數及順序等。

利用 PPT 資料讓對方起而行動，這就有點像是在打廣告。也就是為了促使潛在顧客產生購買行為，因此會使用訊息及設計來「抓住對方的心」。

當中最有名的廣告模式，就是 AIDMA 及 AISAS。這些是一般消費者對商品的認知到購買的過程模組，被使用於測量購買行動及廣告效果上。

在 4,513 人的實驗中，各自平均說明 5.8 次資料，導出一個提高成功機率的模組。

雖然對方的職稱、業種、關係性及提案內容的魅力等變動參數非常多，但實際上只要謹記獲勝模式，在製作資料時就能比從零做起，還要順利而不浪費時間。

實驗當中大多是 B2B（公司對公司業務），多半不是經由網路購物，而是面對面（或者線上會議）的提案或開會，因此我們並不使用針對社交或 B2C（針對一般消費者之業務）進行強化的 AIDMA 或 AISAS 模組，而是使用最能夠獲得成果的 AIDCA。

AIDCA 是促使對方購買的流程。

我們明白，為了讓對方產生共鳴、進而行動，AIDCA 第四階段的 C，也就是 Conviction（確信）是非常重要的。

「確信」，意思是一個人認為對方說明的內容「有採用的價值」時，穩固這個念頭的行動，接下來便會吸收資訊加以內化，因此是之後轉往即刻行動的必要步驟。也就是要在各步驟都準備好必要資訊，使對方能對自己提供的資訊及價值產生興趣，並認為可能變成他自己想要的狀態。讓對方感覺

到「想要」那個變化之後，再進一步感到「確信」，就能促使他「行動」
了。

```
AIDCA 模組

Attention：知道對方及變化（價值）
Interest：有興趣
Desire：想要
Conviction：確信
Action：行動
```

　　你準備好的內容與故事，是否符合促使對方行動的模式呢？現在就試
著填入 AIDCA 模組吧。這樣就可以確認有沒有缺漏了。

	A Attention 認知	**I** Interest 興趣	**D** Desire 欲望	**C** Conviction 確信	**A** Action 行動
對方狀態	不知道	有興趣	好像想要	不確定	還沒行動
目標狀態	知道	興趣提高	好想要	確定可信	行動
・應該怎麼做？	・使其知道最新款的智慧型手機	・推測對方感受到的痛苦、煩惱與喜悅	・將能夠提起對方興趣及關心的款式一字排開	・介紹原先有相同課題者已經解決煩惱的案例	・告知應該現在購買的理由
・應該傳達什麼？	・已經發售的事實	・可提供之新價值	・符合對方需求	・表示具有再現性	・現在不買的風險、現在購買的優點

▶ 填寫範例：介紹最新款智慧型手機，促使對方購買的 PPT 故事大綱

撇步 05　事先以「顧客觀點」整理好 將提供的價值

再此重申，決策人員想要的是解決課題。

而這會有兩個面向，首先是確定目的並且完成目標，也就是關注在提高利益、擴大市場等，「想獲利」或「想獲得事物」的「目的達成型」；第二個則是像特別在意優秀員工離職、慢性長時間勞動的「不希望失去」「不希望停止」這類「問題迴避型」。

根據對方認為哪個才是他的課題，所提出的資訊作法也會不同。

舉例來說，詢問有前往健身房健身習慣的人「你為什麼要運動？」，「目的達成型」的人會回答「為了下個月的馬拉松大會」「想維持窈窕身材吸引異性」等。

另一種「問題迴避型」的人在回答這種問題時，則會說「下個月要做健康檢查」「避免得到痛風等疾病」等。

這樣說明大家是不是已經清楚理解了，一樣是去健身房，行動的原因會有完全不同方向的想法。

「問題迴避型」的特徵

「問題迴避型」的案例大多無關本人意志，而是因外在的壓力導致他不得不做。

因為健康檢查的結果不太好、公司財務狀況惡化、離職率忽然暴增、目前的交易對象發生意外而必須尋找替代對象、忽然接到社長命令、負面驚喜（未曾預測到的惡性素材）等情況占了大多數。

因此，「問題迴避型」的特徵就在於，他們是來委託解決事情的方法、

開會前的準備時間非常短。

　　突然被委託的提案，大多是「問題迴避型」。由於對方的痛苦及煩惱有明確的期限，因此特徵就在於必須確實解決。因為需要在短時間內達成，解決問題的速度要比品質更重要。與其按部就班地一一解決，不如馬上解決比較能符合對方的期望。

　　理解這種狀況之後，應該勇於告訴對方，什麼都不做是有風險的。要在資料當中放入許多推對方一把的內容。

「目標達成型」的特徵

　　「目標達成型」大多是以積極能量為起點。也就是針對光輝燦爛的未來目標，正在尋找解決方案。

　　但是，**通常沒有設定明確的目標，因此會需要設定積極的數據目標。**

　　所以針對「目標達成型」的對象，以數字來表現「走向未來的變化」是最具效果的。將對方的競爭對手（競爭企業或部門）納入考量來進行提案，可以動搖對方的情感。

　　在「目標達成型」的案例中，對方經常會成為評論家。嘴邊常掛著「一般是～」「合理情況是～」這類口頭禪的人，大多是「目標達成型」。

　　他們的思考雖然非常積極，相對的就算是無作為，也不會有立即的風險，因此經常會出現不做決策的情況。意思就是，他們花了很多時間收集資訊，卻不作出決定。

　　針對這種「目標達成型」的人，關鍵在於不需為他除去目前的痛苦，而要讓他想像出一個極為燦爛的未來。他們是那種會為了獲得更多幸福的

感情價值而付出的人。

因此，能夠刺激他們的情感、使他們內心湧現良好意象的圖像及影片，是最具效果的。

另外，為了避免不下決策的風險，先準備好公司內部的同意書之類的資料也不錯。市場狀況、調查結果及競爭對手的情報等資訊可以推對方一把。

各個對應方式

如果對方的取向不同，要傳達的話語也會不同。

舉例來說，要誘使某個人前往健身房，對於「目的達成型」的人來說，「有個人教練可以指導您的跑步方式，讓您能夠刷新自己的紀錄」這類行銷文宣想必會令他心動。

對這種人來說，告訴他「可以用自己的步調去運動」，他也不會有任何反應。

另一方面，對著「問題迴避型」的人展現出「這樣可以跑比較快」「能夠練就跑完全程馬拉松的體力」，對方一樣不能感受到任何好處。

如上述這些情況，如果要向客戶提議，就必須事先以顧客觀點整理好想要提供的價值。

為了理解整體樣貌，建議使用「**價值主張圖**（value proposition canvas）」。這也是我推薦給投影片講座學生的表格。

右邊是對方（客人）、左邊是自己。「問題迴避型」的人想要消除討厭的事。將那個人討厭的事寫在右邊的圓當中，並且將如何減少討厭的事情寫在左邊。

　　如果對方是「目的達成型」的人，就填入對方對什麼感到高興，以及該如何做才能增添對方的喜悅。

　　另外，針對「目的達成型」的人，也應該訪談（或想像）「其實很想去做，但就是沒法辦到的事情」寫在右邊。

　　最後則寫下自己公司（自己的）產品、服務所提供的課題解決辦法。

　　像這樣把自己和對方的事情分開寫下，就能捕捉整體樣貌，確認提案內容是否有所缺漏，也就不會再有拿出產品及服務的瞬間，對方反而失去興趣的狀況。

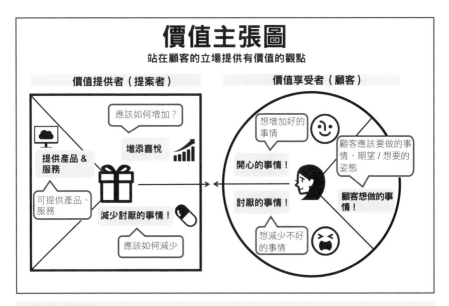

▶ 價值主張圖

最重要的是最初和最後

　　為了讓對方產生動力，最初及最後是最為重要的。必須解決對方的課題外，同時也要在最初及最後傳達出自己的期望才行。

　　為了讓解決課題及自己的期望都在對方腦海中留下鮮明的印象，就必須讓對方感受到第一印象，並且為了強化記憶，最後還得加入決定性的語句。

　　有個心理效果是「最初給予的印象及資訊，會強烈影響之後對於那個人的評價」。意思是第一印象非常強烈的話，就會一直殘留很久，這稱為初始效應。

　　尤其是人與人面對面說明的情況，第一印象很重要。如果能在第一印象就獲得對方的信賴，那麼就算過程中說明有誤，也不會造成太大影響。

　　另外，最後收尾的方式也很重要。「我希望你如此做」的訊息，放在最後的投影片是最有效果的。

　　「能打動人心的資料」當中的 78% 有「總結投影片」，其中 67% 寫上了「具體希望對方怎麼做」。

　　總結投影片大多會以對方作主詞來書寫。

　　另外，以自己作主語的話，就是在約定針對對方將執行的行為。

　　舉例來說，寫下「我們必定會依照貴客戶期望之時間完成企畫」後，再寫出「為此，還請客戶依照時間告知需要之資訊與人員」這樣的委託，就能提高對方協助的可能性。

　　我們得知這是受到「互惠原則」的影響。互惠指的是，從別人那裡獲得些什麼之後，會產生「沒有回禮實在不好意思」的心理作用。也就是對方為自己做了某件事情，所以自己也該為對方做點什麼的心理。比方說，在超市試吃了火腿，就會產生「那就買一包吧」的行動心理。

　　互惠原則在使用 PPT 資料打動對方的案例中也通用。因此，不要只是

單方面要求對方有所動作，必須以自己的行動來誘發對方行動才對。

尤其是寫下自己約定好會做的事情，並且告知對方。如此一來就會給對方一個「我也來行動吧」的動機。

使用互惠原則的心理技巧有「以退為進法」。就是先提出一個對方多半會拒絕的大要求，讓對方拒絕之後，再提出比原先小的要求，那麼對方就比較容易接受的技巧。

話雖如此，互惠原則用過頭也會有問題。

如果對於那些來參加體驗活動的人露骨的勸說加入，反而容易造成不愉快、給對方很糟糕的印象。因此不管使用哪種方法，都應該恰到好處，請維持在技巧的最低限度去使用吧。

總結

目的為建構全新業務模式

1. 為求於 3 月的行銷會議上決議，需於 2/28 驗證完畢 —————— 先寫下自己要做的事情

2. 1/15 前準備完驗證環境

3. **下週 12/20 前請告知 GO 的指示**

具體委託 ——————

▶ 總結投影片範例

增添對方的喜悅

撇步
07

　　只去除對方的痛苦還是不太圓滿。如果解決了痛苦與煩惱，那就增添一些喜悅吧。

　　除了解決當事人已經意識到的煩惱外，**也必須挖掘出當事人尚未發覺的需求。**

　　在調查中我們得知，有一部分的決策人員會希望課題解決還能＋α。也就是希望達到「過去曾經想做的事情也能實現」的願望。

　　如果將這件事情反映在資料上，那就不僅是解決看得見的課題，同時也應該建立一個「應該潛藏著這樣的願望吧」的假設，先準備好一些能夠實現願望的方案，這樣也比較能給對方留下好印象。

　　我手上有個實際的案例，是在某個食品製造商的提案書中，除了解決對方的課題外，還打算實現對方的願望，因此成功提高了超市引進該公司商品的占比。

　　他們不只提出了能有效活用調味料擺設空間的迷你包裝，同時把能讓店面工作人員簡單陳列的方式一起放進了提案資料中，雖然他們的價格比其他競爭公司都要來得高，但對方還是決定採用他們的提議。

　　我們明白，這種情況就是貼心想到店面工作人員而進行的提案，也就是能增添喜悅的提案，因此會對店長的決策產生影響。

　　另外我們也得知，**這類能夠刺激正面情感的內容，圖片會比文字更具影響力。**

　　在第 2 章中已經說明有效使用圖片的方式，簡單來說要表現豐富的情感，圖片更具效果，可以讓對方腦中輕鬆浮現出實現後的樣子，會對對方的決策產生強烈的影響。

撇步 08　「適用感情派」的 PPT 製作訣竅

在做困難的決策時，大家很容易認為感情非常礙事，可能還有不少人會認為，沒有參雜感情就能冷靜選擇，而不致於看走眼。

其實不是這樣的。

葡萄牙的神經科學家安東尼奧‧達馬西奧長年研究那些因腦部損傷導致擁有感情一事受阻的人，結果發現一旦失去感情，就會因為無法下決定而動彈不得。

舉例來說，在選擇飯糰裡要包鮭魚，還是昆布時，這肯定不會看邏輯，而是用感情來決定。

但是，如果是數學或下棋等更加複雜的情況又是如何呢？這種計算方面的問題，難道也會受到人類起伏不定的情緒左右嗎？

法國格勒諾布爾大學的湯瑪斯‧岡茲等人的研究團隊得出的結論是，複雜的計算也一樣會受感情左右。不管是安東尼奧的研究或湯瑪斯的研究都指出，人類為了順利解決複雜的問題，感情將負擔很大的責任。

因此，絕對不能否定以感情來決定事務這件事。

在訪談 826 位決策人員的活動中，經過本公司 6 位人員互相交換意見得知，共通點就是身為創業的經理人、說明的時候手部動作相當大的大公司業務人員、新創企業的高階職員或任居要職的人等，這類人會以自己的感情來決定重要的事情。

那麼這些感情派的人，會希望看到大家製作出什麼樣的資料呢？我請他們看了本公司帶過去的多項資料進行比較，並且觀察他們自己下決策時

所拿到的資料，來找出他們的傾向。

　　結果我們找出以下三點，是對他們的決策造成影響的簡報特徵。

1. 開頭及最後使用了圖片（尤其是人的圖片）
2. 提案的時候不使用疑問句，而以肯定句來進行
3. 記載著提案根據所需要的數據及數字

　　依感情來判斷，就表示是否單純是自己覺得心情好、變開心了，這點非常重要，因此塞滿了小小文字的資料是絕對不行的。

　　如果是一開頭就塞滿了文字的投影片，聽眾之後就連說明都不想聽了，因此結果就是使用文字少、以圖片和影片為主的資料較受青睞。對經營者來說，不能使用太過休閒的圖片，因此讓他們看到投影片內有臉上掛著笑容的人物，很容易就會產生正面的情感。

　　另外感情派也會觀察發表者的能量，他們會仔細觀察發表者是否對自己的主張及提案有著深刻的情感。

　　有個結果指出，感情派看著發表者的時間，是理論派的 1.7 倍之多。由於熱情及想法無法只憑資料來判斷，因此他們會注意觀看說明者強而有力的表情，或是他們的一舉一動、聲音大小等，在訪談當中這樣回答的決策人員非常多。

　　此外也不要溫和地說出「可能～」或「～也許比較好」，而要用「應該～」「就是這樣～」等肯定的句型，比較容易打動對方。

　　我們發現以感情來決定的時候，通常都是沒有什麼穩固的根據，因此對方以肯定的形式來提案的話，聽的人比較能夠感到安心而下結論。

　　比較意外的是第 3 點，也就是包含數據及數字等根據。

　　我們原先認為以感情決定事情的人，應該不會受到客觀的資料影響。但是在訪談過程中得知，即使是感情派的人，也會覺得為了說服公司其他人，將會需要數據及數字。意思是，他們自己的決定會以感情來下決策，但是又認為說服他人會需要數據等素材。

　　「感情優先、數字在後」這個順序非常重要。

　　面對感情派的決策人員，請記得不要使用文字，而要以圖片和影片來引導對方描繪出讓自己開心的意象。要帶著熱情、以肯定的口吻來說明，為了促使對方下決定，請推對方一把。之後為對方提供他的公司內部流程需要的數據及數字，最後再以能增添對方喜悅的圖片和影片做總結吧。

放入能讓對方開心的圖片、讓關鍵字留在對方腦海中。在右下方擺放數字根據，提供能說服別人的素材。

撇步 09 「適用理論派」的 PPT 製作訣竅

　　神經學家安東尼奧的研究證明了，不具備感情的人並不是有邏輯性的人。另外，若說理論派的人就不帶任何感情決定事情，那也是錯誤的。人類在做決策時絕對需要感情，無法完全冷靜做出合理決定。

　　但是的確有人會盡可能壓抑情感、試圖根據客觀的數據資料來判斷。現代必須解決比從前更加複雜的問題，因此要有效率並確實的應對問題，就會想要倚賴過往的資料。就像是使用數學程式來說服他人一樣，我認為在商務上應該也備好經過驗證的程式，會比較容易成功。也就是為了得到較好的結果、得到成功率較高的結論，而以較有理論的方式來思考。

　　理論性的決策會以下列五個步驟進行。
1. 具備想要達成何種結果的明確目的
2. 理解能夠影響達成目標的要素（變數）與要素間的相互關係
3. 確認要素結合的模式（＝選項）
4. 設定選擇標準（評價準則）
5. 將比較的結果作成結論

　　面對的對象是否為理論派，會比是否為感情派還要難以判斷，但是可以準備多一點選項，看對方是否感到高興來推測。這是由於提供許多選項時，感情派會比較情願提案者幫他們決定好。

　　另外，透過訪談得知，**理論派偏好減輕痛苦**。相對於感情派非常重視積極面，因此喜歡能夠增加現有喜悅的內容。另一方面，理論派想要的內容，則是能夠消除目前感受到的痛苦及煩惱。此外，希望能夠提高成功機率的理論派，也很重視再現性，討厭只在特定業界成功過的經驗談，而是期待能在更多的業種、業界中實現的成功模式。考量以上事項，交給理論派的資

料，必須包含以下六種內容。

1. 明確抓出對方目的，並且在開頭就說明達成方法的概要
2. 說明成功需要的要素（變數）為何
3. 以數字、數據說明調查及實驗的結果
4. 使用學說或法則來提高該數字、數據的可信度
5. 根據案例或實證實驗，說明再現性非常高
6. 為了使其做出最後判斷，依據評價基準來準備幾個選項給他

　　實際上，在之後 4,513 人進行的實證實驗中已知，能打動人心的簡報一定會將數字、數據及再現性相關資料納入投影片裡，且對於案件成交率提高 22% 有所貢獻。

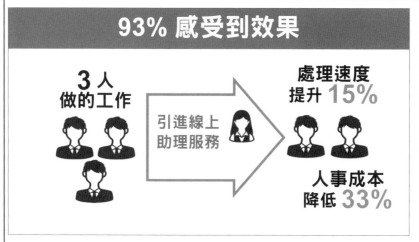

以數字來表現其他顧客具體上有什麼樣的變化，最好能多準備幾份這種變化的實踐方式之說明資料。

撇步 10　以「自家事」獲得同感

　　大致上來說，由於「意願開關」潛藏於自發性的動機裡，因此必須讓對方有興趣、關心此事。為此要執行的流程就是「讓對方當作自家事」。

　　「自家事」，就是讓對方認為你提供的資訊，是與他有關的事物。

　　也就是說，在大量資訊中要判斷「這個資訊最好記住」，並且將其保管於腦內、轉化為他自己的事情。

　　如果對不曾感冒過的人宣傳一種劃時代的感冒藥，想必他並不會想要記住這種東西。但是，那個人若是第一次罹患感冒，這份文宣一定會進入他的腦海。這是因為他罹患了感冒，緊急度提高，而有了「自家事」的態度。

　　相同的，對於沒有製作過投影片資料的人來說，這本書他恐怕也是讀不下去的。

　　但是，如果告訴他「知道怎麼製作投影片，對於就業非常有幫助」，那就有可能提高他將這本書當作「自家事」的意願。

　　「你就是這種情況對吧？這樣的話，這個功能會比較好喔！」單方面不斷推銷，對方是不會接受的，反而會更加不耐煩。

　　因此，**一開始就要互有同感**。對於對方的痛楚與喜悅都要有同感並表示關心，之後再來為對方實現變化。

　　如果對方的課題並不明朗，那就不要鎖定在查明預定課題的對象上，而要試著擴大對象範圍。例如，不要說「這個針對肥胖有效」，而要設定為「如果你對健康感到不安的話，這個很適合你」。

　　像這樣撒出一張大網，觀察對方的反應再向下挖掘，正是獲勝模式。因此若需要在開頭就詢問這樣的問題，確認對方的反應，還請務必看著對方的表情再繼續說下去。如果對方的表情開始緩和或出現點頭的樣子，那就是獲得他同感的證明。

　　如果一開始能獲得同感，之後的說明就比較容易留在記憶中，可以在封面之後（第 2 頁）放入下面這樣的投影片，非常有效喔。

您是否也有這樣的煩惱？

已經改革 2 年以上……

經營者用上個世紀的方法在做事

上司的口頭禪是「由於沒有前例……」

如果在家工作，員工就會偷懶……

一開始先投予假設的煩惱以獲得共感。

以「前饋控制」
打消退件

撇步
11

　　製作 PPT 資料時效率最糟的就是被「退件」。花了不少時間仔細做出來的資料，在最後的最後被告知這樣不行，結果又要重做，這是最沒效率的。

　　這對於退件的人來說也很浪費時間和精力。因為必須再次花費時間看製作者鼓起勇氣改良、重新製作提交的資料。

　　為了避免退件，還請採用「前饋控制」。

　　會發生「退件」，是由於製作者和提交對象的想法有所不同。應該早點發現相異處，趁早填補這個差距。

　　如果在完成之前、製作到一半時，就先詢問提交對象的意見，那就可以避免完成之後才被退件，結果來說也能縮短製作時間。這就稱為前饋控制。

　　前饋控制請在資料完成度大約 20% 左右時，就拿給資料提交對象觀看，並詢問他的意見。

　　這樣一來，就可以知道自己覺得好的地方是否真的沒有問題，也可以明白對方的思考、興趣及關心點是什麼？這樣會比較容易打動對方。至少可以避免不必要的作業，效率也會大幅提升。

　　實際上我的客戶中有 18 間公司共 3.2 萬人都徹底執行前饋控制。某間電子儀器製造商與流通服務企業徹底執行前饋控制後，退件率減少 78%、資料製作時間減少 15%、讓對方如預期行動的比例也提高 20%。

　　為了實踐前饋控制的環境，前提就是在製作資料前，先獲得提交對象允諾此一機會。

還請向對方說明，這不是為了提高自己的作業效率，而是為了排除對方並不需要、不想要的東西，讓對方能更有效率的觀看資訊，才是這份前饋真正的用意。

舉例來說，大概就是問問「前幾天您讓我製作的資料，目前大概是這樣的進度。不知道是否符合您的期望呢？如果不太對，還請您告知，非常感謝。」

通常這樣詢問，很少人會回絕，在實證實驗中有 91% 的決策人員都應允給予回饋。

另外，該電子儀器製造商及流通服務企業，之後不僅在製作資料方面利用前饋，就連系統開發、企畫管理也都採用此一方法，因此大幅減少了加班時間。

此外，在提交資料或說明之後，也請務必要求對方提出感想或改善處的回饋。回顧之後活用在後續的行動，也能改善製作時間。

在我的客戶企業中的 25 間公司，調查分析他們人事評價前 5% 的優秀員工（共計 3,135 人），發現這 5% 的員工非常尊重他人提出的意見，並且會拿來作為改善自己行動的參考。也就是說，他們會根據他人的回饋來回顧自己的過去，設置了一個「內省時間」。

他們每週或至少兩週會花 15 分鐘左右的時間回顧過去的工作，思考「這週工作有哪個部分很糟糕？」「下週起要更有效率工作的話，應該怎麼做？」然後活用在下週的工作上。在內省的時候，最需要的就是他人的回饋了。

事前準備好回饋的環境就不會有無謂的作業，也請善用回饋來為自己的行動升級。

「似乎」很重要的資料有 93% 都是不必要的

某個製造業的客戶因為辦公室喬遷，因此我也一同前往了。

這種搬家作業，一定會需要整理文件。整理堆積如山的紙張資料時，就會把「這不需要了」的東西丟進垃圾桶，「這個需要」以及「這可能會需要」的文件則裝進紙箱中，帶到新的辦公室。

各位，你們是否有驗證過這種「『可能』會需要的資料」是否真的有需要？

由於在兩年半內我正好有兩家客戶搬了兩次家，因此我在他們搬第二次時，請他們協助調查，隨機挑選了 58 個人確認「『可能』會需要的資料」在一年內是否曾經使用。

調查對象總共有 7,000 張資料，也就是一人有超過 100 張「可能」資料。然後請他們分類出經過一年後，實際上真的有用到的資料。

結果竟然有 93% 的資料，別說是使用了，根本連碰也沒碰過。

這兩間公司都是地處市中心的企業，每個月支付一平方公尺要一萬台幣以上的租金，而他們卻讓沒用到的資料占據空間，為那些東西付房租。

就算經過一年以上，那些「可能會需要」資料的確有派上用場，那麼也應該製作成數位檔案或掃描成電子檔之後保存吧。這樣一來才方便搜尋需要的資訊，也可以減少尋找資料的時間。

這類「好像有用」資料在製作投影片方面也是無用的。

舉例來說，有很多人會為了業務會議而用心做一份資料。但是，調查發現努力製作的資料，大概有 20% 都不會真的在會議中使用。

在 800 人的企業中，為了開一小時的董事會議，就需要現場的員工花 70 ～ 80 個小時來準備，當中有 65% 都耗費在製作資料上。即使如此，實際上卻有 20% 以上的資料並未使用，也就是說，根本不需要花時間準備這些東西。

用心製作了許多資料，也許會獲得客戶好評；如果客戶有疑問的話，應該會看補充資料吧⋯⋯這種妄想是沒有意義的。如果覺得「可能會用上吧」就製作資料，那麼有再多的時間都不夠用。

好好的在事前判斷是否有需要，必要時也得提起放棄的勇氣。將傳達 100% 的資訊當作目標是沒意義的，還請留出時間和空間展現成果吧。

第 **4** 章

「一次 OK 簡報」 的

8 項訣竅

費心準備的資料完成後，就應該確實
地說明以打動對方。請在與對方對話
時，好好的把目標「傳達」出去。

簡報最開始的重點

訣竅 01

　　本章將介紹發表簡報的訣竅。好不容易做了一份完美的資料，要是發表時凸槌了，就前功盡棄了。發表簡報儘管也挺需要經驗的，不過本章介紹的訣竅將會引領你走向成功。

盡可能不發送紙本資料

　　在發表簡報時，有 73% 的人都會把資料印出來發下去，但我並不建議這麼做。

　　詢問 826 位決策人員，其中有 67% 表示有發資料的話，他們會大致翻看。

　　這樣一來，就很容易傾向把資料轉換為對自己有利的內容（這稱為「確認偏誤」）。

　　簡報的目的在於打動對方，無法誘導卻又被擅自解釋，這絕非製作者的本意。

　　假設無論如何都需要發紙本資料，那就發一份縮小版的 PPT 資料，而且黑白印刷即可。同時要將希望對方考慮的內容、重點刻意空下來，讓對方自己寫上去，這樣效果會更好。

　　發下去的資料基本上是複習用的素材，也是聽眾用來傳遞給第三者的素材。

　　但非常遺憾的，如果只是讓資料自己說話，那麼裡頭的價值、思想及重點便會變得薄弱，這樣一來要誘發對方行動就會非常困難。因此，還請因應狀況及目的，好好評估是否要發紙本資料。

宣告說明時間、確保回答問題的時間

在說明簡報時，剛開始沒多久，是聽眾最能集中注意力的時候。

在訪談當中，最大的共同點就是，許多人都提出了「希望不要浪費我的寶貴時間」。

意思是「我已經夠忙了，不要瓜分我的時間！」

舉例來說，如果是開一小時的會議，對方會非常在意是否浪費了一小時，因此會在開頭時聆聽發表者的發言，然後決定如何運用接下來的時間。如果沒在簡報一開始馬上吸引對方的注意力，那麼他就不會想聽下去了。

訪談詢問他們簡報開頭的時候會在意哪些事情，他們表示有「確認對方是否帶來自己並未發現的事情（42%）」「判斷是否能為我解決課題（痛苦）（67%）」「看看對方的想法（熱情）（31%）」「觀察他的外貌（45%）」等（※517 人問卷複選回答後的結果）。

由以上事項看來，應該在封面的標題就說好會為對方帶來變化，下一張投影片則必須宣示這份資料能給對方什麼樣的變化。

我想應該是不需要製作目錄，但是請先宣告說明時間，並且確保最後有回答問題的時間。

在許多商務會談及公司內部會議中，常會發現「回答問題的時間」決定了後續行動的案例，這是因為在 PPT 資料裡或是說明的時候發生失誤，但是在回答問題時間成功修正才得以挽回，這樣的例子還不少。

贏得對方信賴的方法

訣竅 02

展現自己的業績而非職稱

　　人會因對象而改變自己的態度及行動。傾向好好聆聽可信賴之人的話，並且輕視無法信賴者。

　　就算傳達的是相同的事情，端看發布訊息的人是否值得信賴，聆聽的態度也會不同，會影響其理解程度及行動意願。

　　能夠打造信賴的是經驗與成績。

　　人們會尊敬那些與自己有著相同課題，但已經解決問題的人。因為對方有著解決相同課題的經驗與成績。

　　因此發出資訊的人，必須依據其經驗及成績來獲得「傳達訊息的資格」才行。為了讓對方動念認真地看資料，必須在一開始就讓對方理解「我有資格向你說這些事情」才行。

　　如果你想學衝浪，會請沒衝過浪的人教你嗎？

　　與其問不健康的人該怎麼治好頭痛，還寧可去問醫生，對吧？如果說「教你變有錢的方法」的人並不是有錢人，你會相信他的方法嗎？

　　這些情況在提供資訊上是完全相通的。如果被認定「你沒有說那種話的資格吧！」不管是多麼好的提案，對方都不會聽的。

　　因此，就算是在成員互相熟識的公司內部會議上，剛開始說明資料

時，也必須表明自己有「傳達資訊的資格」。

　　如果是對爭取合作的顧客發表提案資料，那就必須在自我介紹及說明公司概要時，放入「傳達資訊的資格」。

　　自我介紹絕對不能是什麼第一決策統整本部、第二製造團體決策開發工程人員……這種頭銜。

　　對方對你們公司部門並沒有興趣。而且一長串部門名稱只會讓人困惑。

　　我一年會和 3,000 人左右交換名片，每當我看到寫著長長部門名稱的名片，就心想「噢，這是不太考量顧客的內向型公司呢……」而覺得有些遺憾。

　　因此，記載在投影片封面的部門名稱，請盡可能省略、縮短一些。

　　應該要展現的並非部門名稱或你的職稱，而是你的成績。請以數字來呈現。

　　與其說你是「隸屬第一決策本部、負責流通業界」，還不如介紹自己「在這兩年內為 56 位流通業客戶解決了他們的問題」，這樣對方絕對會想聽你說些什麼。

　　如果自己沒有成績，那就介紹隸屬組織的成績。或是介紹其他人的案例，表明「我知道這樣就能解決的對策」。

公司簡介也要以成績為重

　　此外，還請小心提案資料中的「公司簡介」。

　　你是否會用地址、員工人數、公司歷史等小字填滿此處？

　　這樣只是一廂情願放自己想告知的事情，那就跟棄對方不顧沒兩樣。

　　若要說明公司，還請務必擺上「傳達資料的資格」。

　　必須讓對方知道自己先前已經為哪些企業解決了哪些課題，告知對方「因此我能解決貴公司的課題」。

　　現在已經不是看公司名稱或公司品牌來買東西的時代了。

　　大家不是針對公司本身，而是支付等價金額給公司提供的價值。

　　「能打動人心的資料」中的公司簡介，大多是先前提供的解決課題案例，或是以數字來展現出第三者讚揚的證據。

　　要寫上連續三年獲得「有工作意義」之公司前十名、獲得新公司大獎（參加公司 900 間）這類「傳達資訊的資格」。

▶ 展現業績的投影片範例

瞬間提高信賴度的「詰問」

史蒂芬・R・柯維以《與成功有約》聞名，他的長子小史蒂芬・柯維在著作《高效信任力》中極力提倡「如果相互信賴度高，便能提高業務速度、降低成本」。

為了與毫不相識的人進行業務，會花費許多時間去了解對方、確認相關資訊等，但有時卻未能好好的開始。

這在私生活方面也一樣。如果是剛交往的男女，應該都會非常小心、仔細以言語來表達自己的意思。但若是長年相伴的夫妻，就算只是說句「幫我拿一下那個」，對方也可能馬上就把指甲剪拿了過來。

一起共度的時間越長，關係就越緊密，這也是為什麼許多會在每天早上九點上班時行早禮的公司，團隊凝聚力總是比較高的原因。

所以，在令人眼花撩亂的變化中，要能速度夠快且順暢進行業務，就得在短時間內建立關係不可。

和新的顧客、新的同事花好幾年培養感情是絕對來不及的。因此必須有能在短時間獲得對方信賴的技術。

在《高效信任力》書中提到，建構信賴必須有「誠實」「意圖」「力量」「結果」四個要素。也就是以謙虛有誠意的態度來應對、希望能理解對方、具備交給對方的勇氣，設定共同目標、有了成果就共同分享，以便建構彼此的信賴。

當中特別推薦以好的詰問方式來建構信賴感。

實際上，在「打動人心的資料」中，看到有許多會在開頭的部分就好

好詰問的投影片。

「您是否只重視成本？」或「您是否煩惱人手不足？」這類，以疑問句的形式來觀察對方的反應，然後再適當說明內容。

確實，以我自己身為經營者來說，也曾經是接受提案的那一方，對於那種高高在上斷定「你缺少的就是這個！」的那種資料，實在不想看。

問一個好問題，弄清缺少的是什麼、為何會這樣……再繼續向下挖掘課題，讓對方整理自己的思緒。

之後再以對話一起確認應該如何填補不足的鴻溝，這樣就能逐漸建立起信賴關係。

為了讓關係尚淺的對象看到資料後被打動，必須具有提出疑問、一起思考來建立信賴的態度。

▶ 一開頭就拋出詰問的投影片範例

讓對方說出這句話，
就表示你的發表成功了

　　決策人員希望資料能有新發現或可學習之處。為了讓對方在百忙之中撥出時間來仔細看看，一定要對對方有所助益。

　　另外，目的並不在於觀看資料裡的資訊，也必須讓對方意識到那些資訊應該如何活用？

　　調查中發現，以獲得提案資料裡的資訊為目的的人有 22%，而打算將獲得的資訊活用在自己的言行舉止上的人卻有 61%。

　　此外，訪談那些製作出可打動人心資料的製作者，及 826 位決策人員後，發現對方如果說出以下這些話，就表示心存好感。

　　「原來如此，是這樣子啊。」
　　「我明白了，試試看吧。」
　　「沒想到挺不錯的。」

　　在說明資料時，改變對方的知識及意識，使其對於價值及意義有所同感的話就會像這樣，提高許多讓對方立即行動的可能性。

　　為此，不能只傳達一些理所當然的事，必須給予對方不具備的「發現及學習」，給對方「開心的意外」，較能引發行動。

訣竅
05　避免被問「重點是？」的方法

　　就算是考量過數字及視線來進行說明，如果最後被問「重點是？」那麼肯定不會有好的結果。

　　在訪談調查當中，說出「重點是？」的案例，多半帶有怒意及氣憤的情緒。也就是對對方來說，重點不明的資料不僅難以理解，還令人生氣。

　　應對這個「重點是？」的方法有兩種，即確認對方要求的是報告，還是提案。

　　首先，如果要求的是「報告」，從大多數案例得知，在一開始就說明問題的現象及發生原因都能讓對方理解內容。

　　舉例來說，若是報告優良顧客的客訴處理，那就先具體依照時間說明對誰、何時發生什麼樣的影響？比方說明這樣的內容：「10 月 1 日櫃台人員處理住宿預約時發生失誤，預約了錯誤的日期，當天去電給顧客 A。到了住宿前一天，顧客 A 發現該錯誤，因此來電客服中心嘗試再次預約，但因為已經沒有空房而預約了替代的飯店，卻未能連絡上對方確認結果……」。

　　接下來再說明發生該問題的理由：「沒有能夠發現櫃台人員預約失誤的機制，全憑個人的處理能力。而公司內部資訊連絡也不充分，結果把事情踢回客人身上，導致顧客更加憤怒，處理起來也就更加耗時。」

　　另一個方法則是「提案」。

　　提案的話，就要先提出結論的解決方案，之後再使用數據及數字來具體說明其效果，說服對方接受。

　　如果對方露出了眉頭深鎖的不耐煩表情，那就回到結論那個解決方案。

　　如果是表現出對數字及數據有疑問的表情，那就展現解決方案，然後再具體說明與其相關的數據。

　　經營者是喜歡數字表現的人，甚至有些人會詳細詢問計算根據。也就是說，數字不可以隨意使用沒有根據的東西，務必與解決方案有所相關、有意義的東西才行。

　　資料當中的「1 課題」「2 原因」「3 解決方案」「4 效果」這四個要依序擺放。然後以「為何？」「所以呢？」「這樣一來會……？」等詞句相連。如此，就不容易被對方投以「重點是？」的問話了。

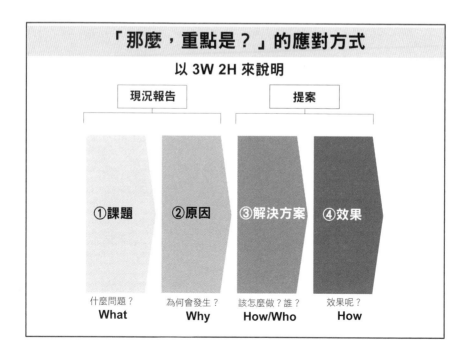

訣竅 06　在最初 30 秒內抓住視線

　　可悲的是，隨著報告時間過去，對方的注意力會不斷下降。為了緩和對方注意力下降的曲線，最初 30 秒的使用方式非常重要。

　　在剛開始報告時，聽者的能量是最飽滿的，若對方在這時候就將精力用在其他地方，之後要再將他的注意力轉移過來，就很困難了。

　　尤其容易搶走聽者注意力的，就是智慧型手機。剛開始報告時，就看著手機螢幕的人，之後反覆看手機螢幕的可能性很高。

　　一開始報告時，最大的敵人就是手機。無論如何都要讓聽眾的視線從手機螢幕離開，轉向投影幕或是正在報告的人。

　　對此我所實踐的方法，就是**穿戴非常顯眼的領帶或領巾來進行說明。**

　　譬如開口說：「今天我在附近的店家，購買了與貴公司 logo 顏色相同的紅色領帶。」讓大家把目光集中在我身上。若是會場寬廣，針對那些不易看見發言者的人，就讓他們看向投影幕上方。此外，就像我在第 2 章說的，**如果投影片上方擺了圖片、圖示或 3D 模組，就能讓對方提起興趣。**

　　除此之外，我也會插入 3D 模組後，以滑鼠點擊、讓圖片 360 度旋轉。這雖然是與報告流程毫無關係的行為，但若是一開始對方就沒把視線轉過來，之後要再控制視線方向就很難了。因此我刻意在最初的 30 秒做這些行為，好讓對方抬起目光。

不要用雷射筆，用滑鼠游標

在報告當中，讓對方的視線交錯集中於投影幕及說話者身上，能讓對方留下較深的印象。

大多數的人會使用雷射筆來試圖控制視線，但我並不建議這麼做。如果使用雷射筆，會無法讓雷射光點完全停在某一處，而會不斷搖擺。一邊說話一邊操作就一定會擺動，而且要是主講人太緊張，還會搖晃得更厲害，這會讓觀眾感覺說話者似乎搖擺不定。

因此我比較推薦使用「滑鼠游標」（箭號指標）。如果是滑鼠，就可以固定在桌子上、防止它搖晃。另外，如果是滑鼠游標，也不需要在投影片播放時操作按鍵，只要推動滑鼠就可以了。

如果要在較大的會場報告，為了讓後方的人也能清楚看見游標，可以事先在 Window 的滑鼠設定中將滑鼠放大。

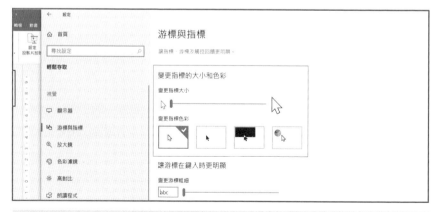

▶ 滑鼠設定：事先變更游標尺寸及顏色。

訣竅 07　邊點頭邊說話能引發同感

第 3 章已經說過，「PPT 製作中，最重要的就是引發對方的同感」。

這種同感不只是話語，也可以用手勢動作來表現。也就是點頭。

當我在報告時，有七成以上時間都會將身體朝向聽眾說話。如果主講人的視線與身體面向投影幕，那就像是讓聽眾看著說話者的背後與屁股，這樣是無法產生共同感的。

另外，為了引出同感，說話者必須朝著聽眾保持笑容、邊點頭邊說話。緩慢點頭後環視聽眾，尋找是否也有人一樣正在點頭。

如果發現了幾個在點頭的人，請與那些人以相同的步調、在同樣的時間一起點頭。這樣一來，就會擴散到點頭的聽眾周遭，促使其他人也開始點頭。

如果能在報告會場內引發點頭的連鎖動作，那麼說話者與聽眾就會非常具有一體感、彼此有同感。

點頭如搗蒜的，通常是會場最前排的聽眾。

從前方開始引發點頭動作，再慢慢的往後擴散，最後要是能讓坐在最後一排的聽眾也一起點頭，那麼講座最後的問卷調查，幾乎可以確定滿意度將會高達 90% 以上。

聽眾的滿意度高，就會提高他們的行動意願，實際上行動的人也會增加。即使只是報告，目的仍然在於與對方產生共鳴，使他們如你所想的展開行動。

充分授權，
多留點時間思考創新

　　只要決定好製作規則，就可以委託其他人處理。我雖然也很擅長製作
PPT 檔案，但是並不會自己動手做，而是委託助理協助，而且還是未曾謀面
的線上助理。

　　或許自己做會比較快，但如果將時間用在其他事情上更能發揮自己的
價值，這樣的話，還是把時間用在更有意義的事情上吧。

　　要讓對方產生共鳴的故事我都會自己手寫，再由線上助理幫忙把這些
筆記製作成 PPT，或是協助修改既有資料。

　　基本上都是透過電話或是通訊軟體進行交付指令和收受完成的檔案，
因此我並沒有見過對方。

　　我所委託的是一個名為「CASTER BIZ」的線上助理服務，除了製作投
影片檔案外，也可以遠距離協助製作 PPT 時所需要的調查、時間管理和收
據處理等各種業務，服務範圍非常廣。

　　他們並不是只有一個人在處理這些事情，而是有許多不同的業務處理
各自專精的項目，因此令人非常放心。結果來說，這讓我**一年大約節省了
360 個小時**。

　　由於我將投影片儲存在雲端服務 OneDrive 上，因此只要分享網址就能
共同作業，甚至可以請雲端助理做第 3 頁和第 7 頁，然後 4 到 6 頁由本公司
位於巴黎的人員來製作。

　　能在未來時代存活的，就是那些只做必要工作的人吧。

現代人必須具備能產生全新事物的創造力、接受嶄新事物的彈性，以及對新事物與困難的適應力，盡可能地讓自己的價值發揮在這些事情上，至於固定業務就交給 AI 或是優秀的助理來協助。請務必思考自己的將來，並決定好不要做哪些事情。

 蘆野   10:33
> 檔案已上傳。
> PPT20191211.pptx (733.59KB)

TO 越川慎司先生
您辛苦了！
【PPT 製作】
向您報告，我這邊已經製作完成。
沒有標題的部分，我只留下背景的橫條。
如果有需要修正的部分請您再告知。
請多多指教。
（處理時間：4 小時 5 分鐘）

 1

上面這張圖片是我和線上助理對話的範例。就算他不在我眼前，也還是能順利執行業務。我能夠每年演講 100 多場，也是靠線上助理的幫忙。一個月大概可以省下 30 個小時。

第 **5** 章

前 PowerPoint 負責人
教你 1 年縮短 80 小時的
速效 9 招

本章介紹的是當我還在微軟就職時
就已經擁有的技巧,這些技巧經由 1
萬 2,000 位講座學生實踐後,證明具
有極高的再現性成果。

1 萬 2,000 人有感的 PowerPoint 速效技巧

之前說的都是製作 PPT 內容及設計方面的事，而為了實踐這些作法，大家最不足的就是時間（能力）了。

如果時間不夠，精神上也就缺乏餘裕，無法停下來思考。為了避免做些無謂的工作、順利留下成果，還是請空出時間來。本章要介紹的就是能生出時間的速效技巧。實際上本公司所有人都實踐了這些技巧，而且已達成全社都能週休三日的成果。

為了能使用文字及圖片等來讓對方照自己所期望的執行下一步，就必須先了解用來實現手段的工具，也就是 PowerPoint 的功能中必須用到的部分。這樣就能用更快的時間達到相同的效果。

舉例來說，要將 20 張日文的投影片翻譯成英文、製作成英文版時，一字一句翻譯應該要花費 5 ～ 6 小時吧。

但是，如果使用 PowerPoint 的自動翻譯功能，只要 7 秒就能翻好。在投影片中插入圖片並且調整位置也是，與其使用滑鼠移動，不如以設計構想去調整，只需要十分之一的時間就能完成。

只要理解了這類關於 PowerPoint 能辦到的事情，在作業時就不會浪費無謂的時間，而能將更多的時間用來思考應該怎麼打動對方、哪個內容可以一舉擄獲對方的心。

在實證實驗中也發現，作業時間長短並不一定與成果有絕對的關係。調查結果顯示思考時間比例大於作業時間的情況下，成交的機率比較高。以下就具體介紹實際上有 1 萬 2,000 位商務人士使用後證明確實有效的技巧。

速效 02　匯入「word 文章」

我在 102 頁已經向各位推薦過，打開 PowerPoint 前要先寫好故事大綱（腳本）。

故事不是只能用手寫，使用 Word 繕打文字檔也沒問題。如果使用 Word，那麼就不會像 PowerPoint 那樣必須用滑鼠來挪動文字方塊或圖形，而能一邊使用腦袋、一邊專注於輸入文字。

可將書寫在 Word 上的故事輕鬆轉換為 PowerPoint。

請從 PowerPoint 的「常用」功能列表內，選擇「新增投影片」旁的「▼」，點選下面的「從大綱插入投影片」。然後選擇 Word 檔案文件，馬上就能讓整個故事匯進 PowerPoint 裡。

另外，如果想為選擇的文字調整不同的格式，那就按下「Ctrl」＋「Shift」＋「F」按鍵，馬上就能打開「字型」對話框，非常方便。快速打開「字型」對話框便能同時設定多種格式。

雖然需要多幾個步驟才能完成，但是與其從零開始做投影片、剪剪貼貼故事大綱裡的文字，這樣還是輕鬆多了，請務必嘗試看看。

自訂「快速存取工具列」將圖形排整齊

速效 03

如果圖形或文字沒有排整齊，就請決策人員看資料的話，對方可能會因為非常在意圖形有一部分歪了，而一直看向那些地方。

為此必須將圖片調整成完全整齊才行。

不過，如果使用滑鼠來調整位置，效率實在太差了。

在我某個客戶企業的調查中得知，有些員工花費在投影片上調整圖形、圖片及文字等的時間，一週就超過了 10 分鐘以上。

也就是說，**單純計算下，一年大概花了七個半小時在挪動滑鼠、調整位置。**

為了讓這累人的作業提高效率，請使用「圖片工具」。

舉例來說，只要使用「圖片工具」當中的「置中」，就能將指定的圖片一次都放到投影片的正中間。如果指定多個圖片，也可以讓那些圖片在群組內「靠左對齊」或「全部置中」。

但是，每次要調整時都得找出這個功能按鈕在哪裡，也很麻煩，雖然也有快速鍵，但是那要同時按下「Alt＋H＋G＋A＋特定文字」（根據對齊方式不同使用不同的單一英文字。例：置中對齊按 C、靠左對齊按 L）四到五個按鍵，所以還是建議大家固定在快速存取工具列上較省時。

例如，**如果在調整圖形位置時，每次都要從「格式」選單拉出「對齊」然後選擇「置中」，這樣不管是要尋找或操作都很麻煩，所以最好是將這些經常使用的功能固定放在快速存取工具列裡。**

固定的方法是快速存取工具列最右邊有個朝下的箭號。

按下去之後就可以選擇是否要「自訂快速存取工具列」，然後把個人經常會使用的功能，移動到右邊的對話框內。

　　我最強烈推薦的，就是調整圖片的功能，也就是剛才說的，可以讓圖片置中的「圖片工具」。

　　選擇「圖片工具」的指令後，再選擇「靠右對齊」或「置中」並追加，選項就會出現在右邊的對話框內，按下「確認」之後，這些操作指令就會出現在工具列上，就能立即使用了。

　　這個快速存取列中也可以放置「字型」，如果先將放大、縮小文字等自己常用的功能固定上去，就可以更快的處理完檔案。

　　曾經聽過我授課的學生，在把常用功能放進快速存取工具列之後，製作投影片的時間平均縮短了 10% 以上。

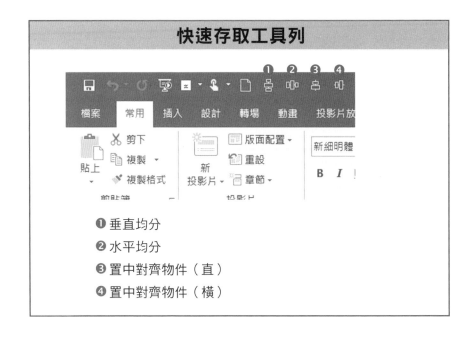

快速存取工具列

❶ 垂直均分
❷ 水平均分
❸ 置中對齊物件（直）
❹ 置中對齊物件（橫）

速效製作 PowerPoint 的快速鍵

PowerPoint 當中有許多方便的快速鍵。知道這些按鍵組合，就能提升工作效率，毫無壓力的製作投影片。

以下是針對 4,513 位商務人員，詢問他們實際使用後覺得能夠提高效率的清單，以評價高低的排名順序介紹給大家。

另外，包含 Alt 在內的快速鍵是屬於工具列的操作。

提升效率的快速鍵 Top10

第 1 名：插入文字方塊	Alt ＋ N、X
第 2 名：插入圖案	Alt ＋ N、S、H
第 3 名：回到上一步	Ctrl ＋ Z
第 4 名：重複上一步	Ctrl ＋ Y
第 5 名：新增投影片	Ctrl ＋ M
第 6 名：插入圖片	Alt ＋ N、P
第 7 名：選擇之物件群組化	Ctrl ＋ G
第 8 名：改變選擇文字之尺寸	Alt ＋ H、F、S
第 9 名：複製投影片內的文字方塊或物件	Ctrl ＋ D
第 10 名：複製選擇之物件或文字	Ctrl ＋ C

工具列的快速鍵

　　按下 Alt 之後，畫面上端的工具列就會出現英文字母，選擇該字母按下就是那個功能的快速鍵。

　　如果能好好使用 Alt，就可以減少 40% 滑鼠使用率，非常有效率。

　　工具列上會將互相關聯的選項收成一個群組。

　　舉例來說，「常用」功能列表內的「段落」區塊也包含了「項目符號」按鍵。

　　按下 Alt 鍵，就會出現按鍵提示的工具列快速鍵，如上圖所示，按鍵與選項旁會有小小的文字圖。

　　將提示文字與 Alt 鍵組合在一起，就可以做出能叫出工具列選項的快速鍵。

活用 Windows 10 的「剪貼簿記錄」

Windows 10 的 October 2018 Update 引進了「剪貼簿記錄」，這是對 Windows 使用者來說必要的功能。

只要使用這個「記錄」功能，就可以使用先前複製過的文字或圖片檔案；將經常使用的檔案放在剪貼簿裡，就能依需求叫出來使用。也就是說，**只要能好好善用剪貼簿，就可以減少重複作業。**

以往的剪貼簿功能中，「複製」或「剪下」只能保存最新的一筆檔案。

舉例來說，如果在 Word 作業過程中複製了「越川」，接下來又複製了「慎司」，這樣一來剪貼簿裡頭就只剩下「慎司」這個紀錄，也就只能貼上「慎司」了。

而在最新的剪貼簿裡，可以把「記錄」叫出來，選擇過去曾經複製或剪下的檔案來貼上，比起以前能更有效率的複製貼上。

「剪貼簿記錄」功能可以用鍵盤的「Windows」按鍵加上「V」叫出來。如果按了之後沒有作用的話，會出現功能並未生效的警告訊息，只要按下「開啟」按鍵就設定成功了。

也可以從設定畫面讓指令生效。請按下從「開始」選單的「齒輪（設定）」圖示，打開「Windows 設定」後選擇「系統」。在「系統」畫面打開後，選擇左列的「剪貼簿」。這時候只要將「剪貼簿記錄」打開，功能就會啟動，這樣一來就可以使用「Windows」＋「V」了。如果只要貼上最近一次剪下的資料或圖，就可以和以前的習慣一樣，單純使用「Crrl」＋「V」即可。

　　「剪貼簿記錄」會保存最近期 25 件左右的記錄，更古老的資料則會從記錄中自動消失。因此，經常使用的資料可釘選在記錄裡，這樣就不會消失了。**製作資料時經常使用的句型或固定的文案，可用剪貼簿複製好之後，釘選在記錄上就很方便利用。**我在寫這本書的時候也用了很多次剪貼簿，確實可以縮短時間。

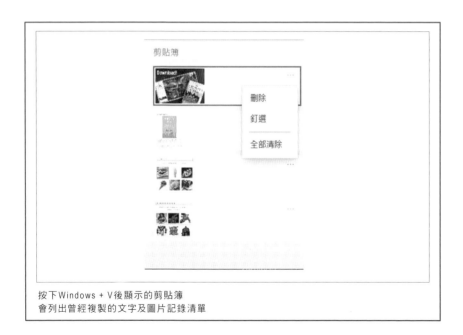

按下Windows + V後顯示的剪貼簿
會列出曾經複製的文字及圖片記錄清單

速效
06　事前設定好「投影片母片」

　　不重複相同的工作，就是速效的鐵則。為了不要一直執行改字型、修改頁號及顏色等工作，請先做好格式（雛形）。

　　從工具列選擇「投影片母片」，打造出自己的格式吧。
　　尤其是一定要設定字型。
　　從「投影片母片」可以指定「字型」「自訂字型」等，指定英數及中文字的標題和本文字型。

　　第 1 章已經告知大家，日文常用 Meiryo UI、英數則是 Segoe UI，是公認最為清晰，能將內容傳達給對方的字體，也是預設字型，建議大家可以多多使用「預設字型」。

　　最後將調整好的設定命名存檔。這樣一來隨時都可叫出這個字型設定。只要在事前設定好，就不需要每次變更字型了。

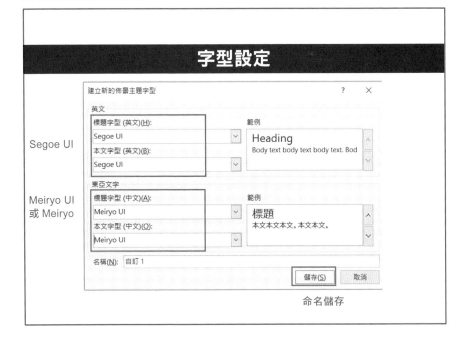

速效 07　能調整圖片的「設計構想」

　　如果使用的是提供給一般消費者的 Office 365 個人版或企業版等月租服務，就可以使用「Office 智能服務」的功能，活用雲端服務與 AI 的力量。當中最能加快速度、效果非常好的就是 PowerPoint 的「設計構想」。

　　我想大家應該都曾在投影片中插入圖片，然後用滑鼠操作來調整圖片大小及位置吧。

　　圖片被放在下面了，因此要拉到最上面；要讓四個圖片大小一致，光是處理這些調整步驟就花費好多時間……我想應該有不少人曾體驗過這件事吧。

　　先前我也介紹了，有人甚至一整年光是在挪動圖形、圖片、文字大小等工作就花了七個半小時，所以還是找個聰明一點的方法處理圖片吧。

　　如果使用 Office 365 的 PowerPoint，在一開始就先將 PowerPoint 的設計構想功能打開，這樣一來在投影片中插入多張圖片時，設計構想就會自動啟動，在畫面右方顯示設計候補選項。

　　將插入的圖片調整為相同大小之外，也會提出能配合插入圖片做出有一體感的版面建議。圖片在四張以下的話，都可以輕鬆調整大小。

　　如果在投影片中插入圖片，首先檢查畫面旁邊的設計構想是否有提出候補選項，若是有自己想排列的方式就可以直接選擇。

　　這樣確實比用滑鼠調整來得輕鬆許多，原先需要二到三分鐘的圖片調整工作只要兩秒就結束了。

設計構想範例。用滑鼠實在很難將原先不一樣的4張圖片一次處理完畢。

使用 AI 自動翻譯

我想應該有許多經手全球性事業的商務人士，會被顧客或上司要求製作雙語投影片吧。

這種時候，請使用 PowerPoint 的翻譯功能。

從選單移動至「校閱」，按下「翻譯」，就可將滑鼠選取的文章段落翻譯在 PowerPoint 內的小視窗。

只要使用這個工具，就不需要一字一句查翻譯網站，也不需要切換視窗，這樣較能提高效率和集中力。

如果另外再加灌軟體，就能瞬間自動翻譯所有投影片內的文字。

雖然這不是 PowerPoint 的標準配備功能，但只要安裝微軟提供的工具「Presentation Translator」就能輕鬆使用。

只需要到微軟的網站上下載「Presentation Translator」然後安裝，就會在「投影片放映」的選單裡新增「翻譯投影片」的選項。

Presentation Translator 下載頁面（微軟網站）

https://www.microsoft.com/zh-tw/translator/help/presentation-translator/

按下按鈕，指定檔案內的語言及譯出的語言之後按下確認，瞬間就會翻譯完所有文章。

舉例來說，20 張日文投影片翻譯成英文，大概只需要七秒左右就能完成。若是要一次一句查網路來翻譯，要花四小時以上。

　　除了日文翻成英文外，也可以從英文翻成日文、中文翻成德文等，總共有 60 多種語言的組合，由 AI 進行自動翻譯。

　　我的客戶遍及法國、泰國、美國、香港等地，經常會用到這個工具。準確度大概是 95% 左右，專有名詞及業界用語的翻譯比較困難，但還是能夠節省非常多的時間與費用。

　　以前我會委託翻譯公司翻譯，現在是利用這個自動翻譯工具後再請他們做最後確認，交期只需要四分之一，費用也只需要三分之一。

　　這個「Presentation Translator」也具備字幕功能。如果使用電腦播放投影片簡報時，開啟麥克風並選擇「使用字幕」，就會即時翻譯說出來的話語，並且以字幕的形式顯示在螢幕上。另外，也可以指定翻譯語言及字幕顯示的位置。

　　若是要向多種語言的參與者說明時，還請活用這個功能。

統一資料格式

在業務會議上使用的資料格式只要經過統一，就能減少 23% 的工作。

在員工人數 800 位以上的顧客業務會議中，為了開一小時的會議，現場的負責人員平均花費了 73 個小時來準備。大半都是在製作資料。然而製作出來的資料大約有四成，實際上並未用到。

因此，我讓客戶中的七間公司各自統一業務會議上的資料格式，就連資料的製作張數，也都統一為一個主題一張投影片，並請他們嚴格遵守格式與張數限制。消滅原先「製作大量資料就是一種實力展現」的情況。

徹底執行這些規則的結果，首先是業務會議上說明資料的時間縮短了，因此會議在預定時間內結束的比例提升了 1.5 倍以上。

另外，會議中可用來討論事情的時間增加了，因此能夠提出比原先預計情況還要好的點子。同時，確實決議的事項也增加了 22%，對於快速管理的貢獻相當大。

再加上除了資料格式外，同時也製作了 PPT 資料手冊，因此更是大幅減少了製作者的作業時間。以下介紹的是各公司分別證實有效果的業務會議 PPT 資料規則。

業務會議 PPT 資料規則

1. 標題必須在 35 字以內，且明確闡述目的。

2. 請將回答問題需要的時間也計算在內。大多數案例中會在回答問題時獲得同感及決策，因此請注意不要說明完資料就結束，也禁止純粹朗讀資料。

3. 說明流程時請以區間編號來表示。雖然也可以使用箭號，但是編號更能正確引導思緒。

4. 圖表的顏色不要太誇張。想展現的部分就用重點顏色來引導視線。

5. 盡可能定量表現，說明計畫的時候注意 3W（何時 When、誰 Who、做什麼 What）。

6. 製作資料的目的是讓對方如你所想的行動，因此一定要放上希望對方做的事情。

<結語>

以更短的時間得到更好的結果

「快點回家」「銷售額可別下降了」「你們自己想啊」「關燈下班」……，如果是這些命令，那可就不是「工作模式革新」而是「命令模式革新」了，對吧？

我並不是很喜歡工作模式革新這個用詞。目標應該是「營利模式革新」才對。如果能夠在短時間順利獲得成果，那麼不只公司會賺錢、個人收入也會提升。

我所成立的公司「Cross River」，並不是只出一張嘴的顧問團隊。我們會和客戶一起前進。換句話說，就是那些會在健身房告訴你「我們來用這個器材吧」的教練，主要工作是指導大家以更短的時間得到更好的結果。

但是，還是要請客人自己做。

不管是營利模式革新還是工作模式革新，都沒有什麼特殊魔法，唯有必須依循某個法則、確實地去執行。有效手段並不會從天而降，我們的立場就是和大家一起走在正確的道路上前進，同時指導大家。

本書並不是那種上對下的「這樣做就會順利」的顧問書，而是將那些與客戶一起實踐之後，確定「這樣做之後發現很順利」的事實背後的成功方式、不會失敗的方式都整理出來。

因此我非常計較調查及數據。

另外，為了證明任誰來實踐都能獲得成果，因此讓多間企業進行實證，確定了再現性非常高。為了不讓大家走錯路，我們點出了正確的方向。

本書的目的是改變大家的行動。

只要能理解「PowerPoint 是這樣製作的啊」「事前準備很重要呢」「重點不在於能夠傳達內容，而是一定要傳達內容才是」，然後下一次製作投影片時，就實際執行這些重點吧。

　之後請務必回顧結果。只要覺得「噢！沒想到還挺不錯的呢！」那麼你的想法就會逐漸改變。

　想法改變之後就會覺得安心，後續的行動會更加完善，若能有所成果，就會產生「工作意義」。

　全國有工作意義的商務人士大約有 25%。具備工作意義的員工，工作效率比沒有工作意義的員工高了 45%；經營者的達成率則會高 1.6 倍。擁有工作意義，個人會感到非常幸福，對於公司的成長也有所貢獻。這就是我的改革目標。

　我自己並不會局限於 Windows 系統，也會使用 Mac 或 iPad 來製作資料，或使用 Apple Keynote 來製作資料或進行簡報。除了日本以外，我也會在巴黎、西雅圖、檀香山等地使用 PPT 資料進行會談，並且驗證這套成功模式。

　我離開微軟已經超過三年，但在和 11 間對手公司的競爭中仍能獲得年度研修企畫的委託、與六間世界性大型顧問公司競爭投標仍取得業務委託契約，使用這些投影片技巧，讓我擴大了自己的業務。希望大家也能夠品嘗這種一次 OK 的成就感。

　最後，我打從心底感謝協助本書製作的各客戶企業、1 萬 2,000 位聆聽 PowerPoint 講座的學員、協助我進行訪談的 826 位人士、參加實證實驗的 4,513 位人士、共 16 萬 2,000 人的客戶企業所有人、協助我整理調查資料的 Cross River 夥伴、幫我把錄音檔案處理成文字並作成資料的 Caster Biz 公司的各位線上助理。這本書是大家的共同財產。

　同時我還要感謝支持本書出版的かんき出版編輯部的庄子鍊編輯、教育事業部的山縣道夫先生。希望本書中所介紹的「正確的投影片製作技巧」，能夠造福更多的人。

國家圖書館出版品預行編目資料

AI驗證！最強PPT製作法——照做就對了！提案成功率94%
／越川慎司作；黃詩婷翻譯. -- 初版. -- 臺北市：如何，2020.10
　　160 面；14.8×20.8公分 --（Happy Learning；188）

　　ISBN 978-986-136-558-9（平裝）
　　1. 簡報
494.6　　　　　　　　　　　　　　　　　　　　　109012067

Eurasian Publishing Group
圓神出版事業機構　如何出版社 Solutions Publishing

www.booklife.com.tw　　　　　　　reader@mail.eurasian.com.tw

Happy Learning　188

AI驗證！最強PPT製作法：照做就對了！提案成功率94%

作　　　者／越川慎司
譯　　　者／黃詩婷
發 行 人／簡志忠
出 版 者／如何出版社有限公司
地　　　址／台北市南京東路四段50號6樓之1
電　　　話／（02）2579-6600・2579-8800・2570-3939
傳　　　真／（02）2579-0338・2577-3220・2570-3636
總 編 輯／陳秋月
主　　　編／柳怡如
責任編輯／張雅慧
校　　　對／張雅慧・柳怡如
美術編輯／李家宜
行銷企畫／曾宜婷・詹怡慧
印務統籌／劉鳳剛・高榮祥
監　　　印／高榮祥
排　　　版／莊寶鈴
經 銷 商／叩應股份有限公司
郵撥帳號／18707239
法律顧問／圓神出版事業機構法律顧問　蕭雄淋律師
印　　　刷／祥峯印刷廠
2020 年 10 月　初版

KAGAKUTEKI NI TADASHII ZURUI SHIRYO SAKUSEIJYUTSU
© Shinji Koshikawa 2020
All rights reserved.
Originally published in Japan by KANKI PUBLISHING INC.,
Chinese (in Traditional Characters only) translation rights arranged with
KANKI PUBLISHING INC., through Japan Creative Agency.
Traditional Chinese translation copyright © 2020 by SOLUTIONS PUBLISHING,
an imprint of EURASIAN PUBLISHING GROUP